AF328280

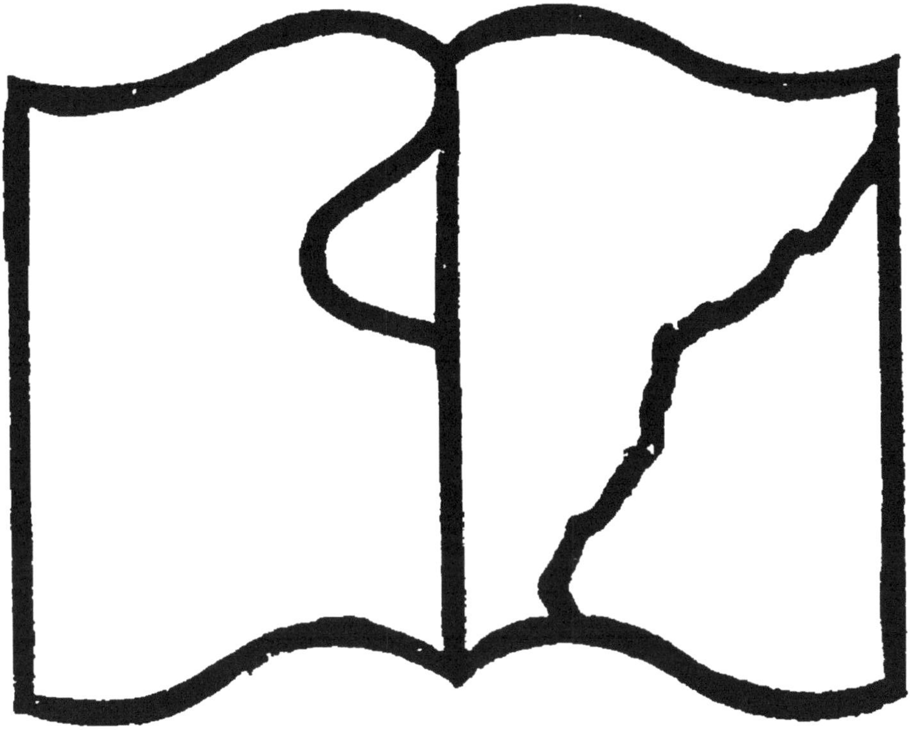

Texte détérioré — reliure défectueuse

NF Z 43-120-11

MANUEL

DES

SCIENCES PHYSIQUES

ET NATURELLES

PAR DEMANDES & PAR RÉPONSES

A L'USAGE

CANDIDATS AUX BACCALAURÉATS

ES LETTRES & ES SCIENCES

Par F. TEMPESTINI

CHIMIE — PHYSIOLOGIE ANIMALE
ET VÉGÉTALE GÉOLOGIE

QUATRIÈME ÉDITION

Revue et augmentée

PARIS

LIBRAIRIE CROVILLE-MORANT

Gendre et successeur de A. MORANT
RUE DE LA SORBONNE, 20, en face de la Sorbonne.

1892

MANUEL

DES

SCIENCES PHYSIQUES

ET NATURELLES

PAR DEMANDES & PAR RÉPONSES

A L'USAGE

DES CANDIDATS AUX BACCALAURÉATS

ÈS LETTRES & ÈS SCIENCES

PAR F. TEMPESTINI

CHIMIE — PHYSIOLOGIE ANIMALE
ET VÉGÉTALE — GÉOLOGIE

QUATRIÈME ÉDITION

Revue et augmentée.

PARIS

LIBRAIRIE CROVILLE-MOANT

GENDRE ET SUCCESSEUR DE A. MOLANT

RUE DE LA SORBONNE, 20, en face de la Sorbonne.

1892

PRÉFACE

Notre œuvre eut été incomplète si, aux différents Manuels que l'auteur a successivement publiés sur la partie littéraire du baccalauréat ès lettres et ès sciences, il n'avait pas ajouté deux derniers Manuels sur la partie scientifique. Il les offre aujourd'hui à MM. les Candidats qui, pour revoir rapidement des connaissances acquises, ont besoin d'un livre court et substantiel. Il espère qu'ils feront à ces deux Manuels le même accueil qu'aux autres ; il espère surtout que, comme les autres, ils leur viendront en aide pour passer avec succès les dernières épreuves du baccalauréat. Cette nouvelle édition a été revue et adaptée aux nouveaux programmes de 1890 et 1891.

OUVRAGES DU MÊME AUTEUR.

Manuels par Réponses et par Demandes.

Manuel d'Histoire de France, de 395 à 1270... 1 »
— d'Histoire de France, de 1270 à 1610... 1 »
— d'Histoire de France, de 1610 à 1789... 1 »
— d'Histoire de France, de 1789 à nos jours.......... 1 »
— de Géographie.......... 1 »
— d'Histoire des littératures grecque et latine .... 1 »
— d'Histoire de la littérature française... 1 »
— des Auteurs littéraires 1 25
— de Philosophie.......... 1 »
— d'Histoire de la Philosophie.......... 1 »
— des Auteurs philosophiques.......... 1 »
— de Composition latine.......... 1 »
— de Physique.......... 1 »
— de Chimie et Histoire naturelle.......... 1 »

CHIMIE INORGANIQUE.

NOTIONS GÉNÉRALES.

1. — *Qu'appelle t on corps composés et corps simples ?*

Un corps composé est celui dont on peut extraire plusieurs substances de nature différente. Ex. : l'eau, composée d'oxygène et d'hydrogène. Les corps simples sont ceux qui ne peuvent se résoudre en d'autres, tels sont l'oxygène, l'hydrogène, le soufre, le fer, etc.

2. — *Combien compte-t on de corps simples ?*

Soixante-quatre, que l'on divise en *métalloïdes* et en *métaux*. Les principaux métalloïdes sont : l'oxygène, l'hydrogène, l'azote, le soufre, le carbone, le chlore, le phosphore, l'iode, etc. ; les principaux métaux sont : le platine, l'or, l'argent, le cuivre, l'étain, le plomb, le fer, le mercure, etc.

3. — *Qu'est-ce que la cohésion ?*

C'est la force qui réunit les molécules similaires d'un corps simple ou d'un corps composé. Elle varie selon que le corps est solide, liquide ou gazeux. La cristallisation est l'effet de la cohésion.

4. — *Qu'appelle-t on isomorphisme? dimorphisme?*

Deux corps sont isomorphes quand ils cristallisent dans le même système. Ex. : sulfate de zinc et sulfate de magnésie. Le dimorphisme est la propriété que possèdent certains corps de cristalliser dans deux systèmes différents. Ex. : le soufre qui cristallise en octaèdres et en prismes obliques.

5. *Qu'est-ce que l'affinité chimique?*

C'est la force qui réunit les molécules simples constituant une molécule d'un corps composé. Elle varie suivant les corps, leur état, la chaleur, l'électricité, la lumière, etc.

6. — *Qu'est-ce que l'analyse?*

C'est l'opération par laquelle on met en liberté les substances qui constituent les corps composés.

7. — *Qu'est-ce que la synthèse?*

C'est l'opération inverse de l'analyse, par laquelle, avec des corps simples, on reconstitue des corps composés.

8. — *Qu'est-ce que les acides?*

Ce sont des corps qui, quand ils sont solubles, ont une saveur piquante et rougissent la teinture de tournesol et le sirop de violettes. La plupart des acides sont la combinaison de l'oxygène avec un corps simple, ordinairement métalloïde. Ex. : acide sulfurique, acide carbonique, etc., c'est à-dire oxygène et soufre ou carbone.

9. — *Qu'est-ce qu'une base ?*

Un corps qui, quand il est soluble, a une saveur chaude et caustique, verdit le sirop de violettes et ramène au bleu le tournesol rougi par un acide; d'ordinaire c'est la combinaison de l'oxygène avec un métal. Ex. : potasse, soude, chaux : oxygène et potassium, sodium, calcium.

10.   *Qu'est ce qu'un corps neutre ?*

Un corps qui n'est ni acide ni base et qui n'a aucune action ni sur la teinture de tournesol, ni sur le sirop de violettes : oxyde de carbone, carbure d'hydrogène.

11. — *Qu'est-ce qu'un sel ?*

C'est la combinaison d'un acide et d'une base ou d'un oxyde. Ex. : Sulfate de chaux, azotate d'argent, composés d'acide sulfurique ou azotique d'une part, et d'oxyde de calcium ou d'argent de l'autre.

12. — *Qu'entend-on par proportion chimique ?*

C'est le rapport qui existe entre le poids fixe d'un corps simple et le poids des autres corps qui peuvent se combiner avec lui. Ex. : Protoxyde d'azote — Az. $14 + 8$ Oxyg.; bioxyde d'azote — Az. $14 + 16$ Oxyg.; acide azoteux $= $ Az $14 + 24$ Oxyg.; acide hypoazotique $=$ Az. $14 + 32$ Oxyg.; acide azotique $=$ Az. $14 + 40$ Oxyg.

13. — *Qu'est-ce que la notation chimique ?*

C'est l'exposé en lettres et en chiffres des combinaisons chimiques. Chaque corps simple est représenté d'ordinaire par sa lettre initiale, et on lui donne comme exposants numériques les quantités proportionnelles qui entrent dans la combinaison. Ex. : SO — acide hyposulfureux ; SO^2 = acide sulfureux ; SO^3 = acide sulfurique ; AzO^5 = acide azotique.

14. — *Indiquez les principes de la nomenclature ?*

1° Les acides se terminent en *eux* ou en *ique*, selon que l'oxygène entre dans la combinaison en moindre ou en plus grande quantité : Acide sulfureux. SO^2 ; acide sulfurique, SO^3 ; 2° les bases s'appellent oxyde, protoxyde, selon la quantité d'oxygène : protoxyde, bioxyde, peroxyde de Manganèse MnO^4, MnO^5 ; 3° les métalloïdes autres que l'oxygène qui se combinent avec les métaux prennent un nom en *ure* : carbure de fer, sulfure de cuivre ; en général on nomme le premier le corps électro-négatif ; 4° les métaux combinés entre eux s'appellent des alliages, à l'exception des combinaisons du mercure que l'on nomme amalgames.

15. — *Qu'appelle-t-on équivalents ?*

Les quantités des différents corps qui

peuvent se remplacer dans une combinaison.

16. *Comment se combinent les gaz ?*

Quand les gaz se combinent à volumes égaux, le volume du composé est égal à la somme des volumes des composants. Quand les gaz se combinent à volumes inégaux, il y a contraction. Ex. : 2 vol. hydrogène + 1 vol. oxygène   2 vol. vapeur d'eau (Gay Lussac).

17. — *Qu'appelle t on combinaisons exothermiques ?*

Celles qui se produisent avec dégagement de chaleur. Ex. : chlore et arsenic en poudre.

18. — *Qu'appelle t-on combinaisons endothermiques ?*

Celles qui se produisent avec absorption de chaleur. Ex. : iodure et chlorure d'azote, et en général tous les corps explosifs.

Les Métalloïdes.

19. *Qu'est ce que l'oxygène ?*

Découvert par Scheele, Priestley et Lavoisier (1714), l'oxygène est un gaz libre dans l'air, en combinaison dans l'eau, les oxydes, les sels, les substances organiques. C'est l'agent nécessaire de la combustion ; c'est le corps comburant par excellence.

20. — *Comment obtient-on l'oxygène ?*

En chauffant du bioxyde de manganèse (MnO^2), de l'acide sulfurique (SO^3) et de l'eau (HO) dans un ballon de verre. Le bioxyde perd la moitié de son oxygène, et le résidu est du sulfate de protoxyde de manganèse (MnO,SO^3) ou mieux en chauffant simplement MnO^2, et mieux encore en décomposant le chlorate de potasse.

21. — *Qu'est-ce que la combustion ?*

La combustion est la combinaison de l'oxygène avec un corps simple. Il y en a deux : la combustion *lente*, comme la rouille sur le fer, le vert-de-gris sur le cuivre, et la combustion *vive*, comme lorsqu'on brûle du soufre, du carbone et même un métal dans de l'oxygène pur.

22. — *Qu'est-ce que l'hydrogène ?*

Découvert par Cavendish (1776). Gaz sans couleur, odeur ni saveur, qui existe dans l'eau combiné avec l'oxygène, et dans presque toutes les substances organiques. Il est environ quatorze fois plus léger que l'air, et sa chaleur, quand il brûle avec l'oxygène, est considérable.

23. — *Comment obtient-on l'hydrogène ?*

De l'eau, par l'action simultanée du zinc (Zn) et de l'acide sulfurique (SO^3) ; l'hydrogène est mis en liberté et il reste du sulfate de zinc (SO^3, ZnO).

24. — *Comment décompose t on l'eau ?*

Lavoisier la décomposait par le moyen d'un fer rouge dans un tube de porce laine ; elle contient 2 volumes d'hydro gène et 1 d'oxygène ; en poids : 8 d'oxygène, 1 d'hydrogène.

25. — *Comment fait-on la synthèse de l'eau ?*

Au moyen d'un eudiomètre à eau ou à mercure, qui se compose essentiellement d'un excitateur électrique à garniture supérieure métallique, d'une cuvette et d'un tube mesureur ; d'une garniture inférieure avec robinet et pied formant entonnoir ; enfin d'une jauge dite eudiométrique. On la remplit de deux parties d'hydrogène et d'une d'oxygène ; on fait passer une étincelle électrique dans le mélange : le résidu est de l'eau.

26. — *Quand l'eau est elle potable ?*

Quand elle contient en dissolution de l'oxygène et des sels calcaires. Les eaux de source et des rivières contiennent du bicarbonate et du sulfate de chaux, du chlorure de sodium (sel de cuisine) et des matières organiques, la dose de sulfate doit être minime sinon l'eau devient séléniteuse.

27. — *Qu'est-ce que l'azote ?*

C'est un gaz sans odeur, ni saveur, irrespirable, qui existe dans l'air mêlé à l'oxygène, et en combinaison dans l'acide azotique, l'ammoniaque et un grand nombre de matières animales. On l'extrait de l'air en absorbant l'oxygène au moyen du phosphore ou du cuivre chauffé au rouge.

28. — *Donnez la composition de l'air ?*

Quelle que soit la méthode d'analyse employée, on trouve dans l'air 21 parties d'oxygène et 79 d'azote, quelque peu d'acide carbonique et de la vapeur d'eau,

29. — *Qu'est-ce que le carbone ?*

C'est le principe constituant des charbons.

30. · *Le trouve-t on à l'état naturel ?*

Oui et complétement pur dans le diamant et la plombagine.

31. — *Qu'est-ce que le charbon ?*

C'est un mélange de carbone et de divers autres corps. On le trouve à l'état fossile et il s'appelle *anthracite, houille, lignite* et *tourbe*. On l'obtient par différents procédés et il prend le nom : 1° de *charbon de bois,* par la décomposition du bois à l'abri de l'air ; de *coke,* par la distillation de la houille ; 3° de *charbon animal,* par la décomposition des matières animales en vases fermés ; 4° *noir de fumée,* par la combustion très-incomplète de matières organiques ; 5° *charbon artificiel pur,* par la décomposition au feu du sucre ou de la gomme.

32. — *Quelles sont les propriétés du carbone ?*

Infusible aux plus grands feux de forge ; fusible par le courant voltaïque (lumière électrique) ; possède au plus haut degré le pouvoir d'absorber les gaz, de désinfecter et de décolorer.

33. — *Qu'est ce que l'acide carbonique ?*

C'est un gaz, à l'état libre dans l'air, et en combinaisons dans un grand nombre de carbonates. Il est incolore et a une odeur et une saveur aigrelettes, ce qui le rend propre à la fabrication des eaux acidulées gazeuses. Il peut se liquéfier. On l'obtient en décomposant le carbonate de chaux (CaO, CO^2) par l'acide sulfurique (SO^3). Le résidu est du sulfate de chaux $(SO^3 CaO)$. Il est le produit de la respiration.

34. — *En quoi consiste la respiration ?*

1° Dans un phénomène de déplacement qui s'opère dans les poumons, expulsion de l'acide carbonique dont est chargé le sang veineux et absorption d'oxygène à sa place ; 2° dans la combustion que cet oxygène fait subir au sang et aux principes qu'il transporte. Les animaux exhalent constamment de l'acide carbonique. Les plantes aussi, mais sous l'influence de la lumière solaire cette production est masquée par la fonction chlorophyllienne. (Voir Botanique).

35. — *Qu'est-ce que l'oxyde de carbone ?*

C'est un gaz incolore, sans odeur ni saveur, très dangereux à respirer, qui est le produit de la combustion incomplète du charbon ou de la réduction de l'acide carbonique par le charbon à haute température.

36. — *Qu'est ce que le sulfure de carbone ?*

C'est le résultat de la combinaison du carbone avec le soufre ; sa formule analogue à celle de l'acide carbonique est $(C S^2)$. Il peut se combiner avec les sulfures alcalins pour donner des sulfocarbonates.

37. — *Quels sont les combustibles usuels ?*

La houille ou charbon de terre, le bois, le charbon de bois, le coke, la tourbe et le gaz d'éclairage.

38. — *Qu'est-ce que le gaz d'éclairage ?*

C'est un des produits de la distillation de la houille. À sa sortie des *cornues*, il passe dans le *barillet* où il abandonne les goudrons, puis dans le *condenseur* (sorte de serpentin) où se condensent tous les sels qu'il contient ; enfin dans l'*épurateur* où, par l'intermédiaire de sulfate de chaux et de peroxyde de fer, il se débarrasse de tout ce qui pourrait rendre son emploi dangereux ou nauséabond.

39. — *Qu'est-ce que la flamme ?*

C'est un gaz porté à l'incandescence, elle est produite par la combustion du gaz ou d'une partie des éléments du gaz. Ex. : la flamme de l'hydrogène, du soufre, etc.

40. — *Qu'est-ce que la lampe de sûreté ?*

C'est une lampe imaginée par Davy pour empêcher l'explosion du *grisou* dans les galeries des mines. Elle est fondée sur cette propriété qu'ont les toiles métalliques de refroidir les courants gazeux. Dans la lampe Davy, le gaz pénètre et fait explosion seulement à l'intérieur, ce qui avertit le mineur du danger.

41. — *Qu'est-ce que l'acétylène ?*

Un gaz dont la formule est ($C^4 H^2$) et qui se forme dans les combustions incomplètes de quelques carbures.

42. — *Qu'est-ce que le gaz oléfiant ?*

Le gaz oléfiant ou éthylène a pour formule ($C^4 H^4$). On le prépare en chauffant de l'alcool et de l'acide sulfurique à 160°.

43. — *Qu'est ce que le gaz des marais ?*

C'est aussi un carbure d'hydrogène qui a pour formule ($C^2 H^4$). On l'appelle aussi formène. Il provient de la décomposition des matières organiques au fond de la vase des marais.

44. — *Qu'est-ce que la benzine ?*

Un carbure d'hydrogène dont la formule est ($C^{12} H^6$) et qu'on retire du goudron de houille en le distillant au-dessous de 150°.

45. — *Qu'est-ce que le cyanogène ?*

Un carbure d'azote (C^2 Az) qui se forme chaque fois que le carbone et l'azote se trouvent en présence d'un carbonate alcalin. Le cyanogène est un gaz analogue au chlore par ses propriétés chimiques.

46. — *Qu'est-ce que l'acide azotique ?*

C'est la cinquième des combinaisons de l'oxygène avec l'azote (AzO^5, HO) ; on l'appelait autrefois nitrique, parce qu'il se tirait du nitre ou salpêtre. Dans le commerce, il porte le nom *d'eau forte*. On l'obtient en traitant le nitrate de potasse (salpêtre) par l'acide sulfurique ; il se forme du bisulfate de potasse et de l'acide nitrique $KO, AzO^5 + 2 HO, SO^3 = KO, HO, 2SO^3 + HO, AzO^5$.

47. — *Quels sont les usages de l'acide azotique ?*

Il attaque tous les métaux, à l'exception de l'or, du platine ; il sert donc à les décaper ; il est employé dans la gravure à l'eau forte, la lithographie, la teinture de la laine et de la soie en jaune ; dans la fabrication de l'acide sulfurique.

48. — *Qu'est-ce que l'ammoniac ?*

C'est un gaz incolore, à odeur piquante, à saveur chaude, seule combinaison de l'azote et de l'hydrogène ; on l'appelle encore azoture d'hydrogène AzH^3. La putréfaction des matières azotées, leur décomposition par le feu, enfin l'hydrogène en présence des composés oxygénés de l'azote forment de l'ammoniac.

49. — *Comment le trouve-t on dans le commerce ?*

1° Sous forme de sel (sel ammoniac), proprement chlorhydrate d'ammoniaque, qui provient de carbonate d'ammoniaque, résultat de matières animales calcinées à l'abri de l'air, traité par de l'acide chlorhydrique ; 2° sous forme liquide (alcali volatil) qui n'est que de l'eau saturée de gaz ammoniac.

50. — *Quelles sont les combinaisons du gaz ammoniac ?*

Avec l'acide chlorhydrique, et l'acide sulfhydrique il donne AzH^4Cl et AzH^4S que l'on nomme chlorure et sulfure d'ammonium. Avec les oxacides, acides sulfurique, carbonique, azotique, etc, il donne AzH^4OSO^3, AzH^4OCO^2, AzH^4OAzO^5 que l'on nomme sulfate, carbonate, azotate d'ammonium.

L'ammonium est donc analogue aux métaux.

51. — *Qu'est-ce que le soufre ?*

Corps solide, jaune-citron, cassant, sans saveur, mais d'une odeur caractéristique quand il est frotté. On le trouve à fleur du sol dans le voisinage des volcans anciens ; dans les gisements de plâtre et en combinaison dans les sulfures et les sulfates.

52. — *Quels sont les phénomènes de sa fusion ?*

A 112° il fond et conserve sá couleur et sa fluidité ; à 160°, il brunit ; il redevient fluide, mais il reste brun ; enfin à 400°, il distille ; sa vapeur se condense en poussière qu'on appelle *fleur de soufre*. Versé bouillant dans l'eau froide, il devient spongieux et mou pendant un certain temps, ce qui permet de prendre des empreintes.

53. — *Qu'est-ce que l'acide sulfureux ?*

C'est un gaz incolore, d'une odeur piquante et suffoquante que l'on sent à la combustion initiale d'une allumette (SO^3). On le prépare en décomposant partiellement, dans un ballon en verre et à une douce chaleur, l'acide sulfurique par le cuivre, le mercure ou le charbon, ou encore par la combustion du soufre ou des pyrites qui le contiennent.

54. — *Quels sont les usages de l'acide sulfureux ?*

Il s'emploie dans les maladies de la peau, dans le blanchîment de la laine et de la soie, pour enlever les taches des fruits, pour fabriquer l'acide sulfurique.

55. — *Qu'est-ce que l'acide sulfurique ?*

Un des acides les plus énergiques que l'on connaisse, qui se compose de soufre et de trois parties d'oxygène (SO^3). Il sert à préparer l'oxygène. l'hydrogène presque tous les acides, les éthers, les acides gras. le sucre de chiffons, la fécule, les teintures en noir, le charbon de garance, etc.

56. — *Comment le prépare-t-on ?*

On met en présence dans de grandes chambres de plomb de l'acide sulfureux, de l'acide azotique, de l'air et de l'eau. L'acide azotique (AzO^5) perd un atome d'oxygène qui transforme l'acide sulfureux SO^2 en acide sulfurique SO^3.

57. — *Qu'est-ce que l'acide sulfhydrique ?*

Un gaz incolore à odeur d'œuf pourri qui provient de la combinaison du soufre et de l'hydrogène. On le rencontre dans la putréfaction des matières organiques contenant du soufre (albumine) ou dans la réduction des sulfates par des matières organiques. On s'en sert pour guérir les affections cutanées, pour la fabrication des eaux sulfureuses, pour la destruction des animaux nuisibles, etc.

58. — *Qu'est ce que le phosphore ?*

Solide, généralement incolore ou un peu jaune, d'une odeur d'ail, flexible et mou à la température ordinaire, que l'on trouve dans l'urine et dans les os (phosphate de chaux). On distingue le phosphore ordinaire et le phosphore rouge, obtenu par une exposition prolongée du premier à la chaleur.

59. — *Comment obtient-on le phosphore ?*

On brûle des os pour détruire les matières organiques et on traite les cendres (phosphate et carbonate de chaux) par de l'acide sulfurique, puis du charbon ; les deux tiers du phosphore sont mis en liberté.

60. — *Comment distingue-t on le phosphore ordinaire du phosphore rouge (amorphe)?*

Le phosphore ordinaire est blanc, translucide, lumineux dans l'obscurité ; sa densité est 1,84. Il fond à 44° ; il est soluble dans le sulfure de carbone et est très vénéneux. Le phosphore amorphe, au contraire n'est pas vénéneux ; il est insoluble dans le sulfure de carbone ; sa densité est 1,96 ; il est rouge violacé et n'est pas phosphorescent.

61. — *Qu'est-ce que l'acide phosphorique?*

C'est la combinaison que l'on obtient en faisant brûler le phosphore dans l'air. Pour en recueillir le produit, on opère dans une grande cloche préalablement desséchée ; il se dépose sur les parois une poussière blanche que l'on recueille : c'est l'acide phosphorique (PhO^5). Il est très avide d'eau. Si l'on évapore l'eau qui le tient en dissolution, on obtient un autre acide phosphorique, dit *vitreux*, parce qu'il a l'aspect du verre.

62. — *Qu'est-ce que l'hydrogène phosphoré?*

C'est un gaz incolore, d'une odeur aillacée très persistante qui s'obtient en traitant de la chaux mouillée par le phosphore. Il est analogue, par sa composition, au gaz ammoniac.

63. — *Qu'est ce que le chlore?*

C'est un gaz jaune-verdâtre, fortement odorant, délétère, qui a une puissante affinité pour l'hydrogène, qui brûle presque tous les métaux et décompose les matières organiques en leur prenant leur hydrogène. On l'extrait de l'acide chlorhydrique en le traitant par le bioxyde de manganèse ($MnO^2 + 2HCl$). Il se forme du protochlorure de manganèse, de l'eau et une partie de chlore est mise en liberté.

64. — *Quels sont les usages du chlore?*

Il sert au blanchîment des étoffes, des matières textiles, de la pâte du papier, de la cire, à la désinfection (chlorure de chaux), à la fabrication de l'eau de Javel.

65. — *Qu'est ce que l'acide chlorhydrique?*

C'est un gaz incolore, d'une odeur et d'une saveur piquantes et fortement acides; on l'obtient en décomposant le sel marin ou chlorure de sodium, par l'acide sulfurique. On le recueille à l'état gazeux sur le mercure, ou en dissolution dans l'eau. C'est l'acide chlorhydrique ou muriatique du commerce. Cet acide sert à décaper les métaux.

66. — *Qu'est-ce que l'eau régale?*

C'est un mélange d'acide chlorhydrique et d'acide azotique. Séparés, ils n'attaquent pas l'or; réunis ils le transforment en chlorure. C'est cette propriété de réduire le roi des métaux qui lui a fait donner le nom d'*eau régale.*

67. — *Qu'est-ce que le brome?*

Un métalloïde qui se présente à l'état liquide rouge brun et qui s'extrait de l'eau de mer.

68. — *Qu'est-ce que l'iode?*

Un métalloïde qui se présente à l'état solide et qui répand, quand on le chauffe, des vapeurs violettes. On l'extrait des varechs. Son réactif est l'amidon qui donne une belle couleur bleue.

69. — *Qu'est-ce que le fluor?*

Un métalloïde difficile à isoler, qui se présente à l'état gazeux. Il existe dans le fluorure de calcium. Ces trois corps forment avec le chlore la première famille des métalloïdes.

70. — *Qu'est-ce que la silice?*

La silice ou acide silicique a pour formule SiO'. Elle constitue le quartz, le cristal de roche, la pierre meulière.

71. — *Classification des métalloïdes :*

PREMIÈRE FAMILLE : Fluor, chlore, brome, iode.

DEUXIÈME FAMILLE : Oxygène, soufre, sélénium, tellure.

TROISIÈME FAMILLE : Azote, phosphore, arsenic.

QUATRIÈME FAMILLE : Carbone, bore, silicium.

MÉTAUX

72. — *Qu'est ce que les métaux?*

Des corps solides, à l'exception du mercure, bons conducteurs de la chaleur et de l'électricité; d'un éclat bien connu, formant avec les métalloïdes des composés basiques. Leur couleur est généralement grise, à l'exception de l'or qui est jaune, de l'argent qui est blanc, du cuivre, rouge, du zinc, bleuâtre, et du bismuth, violacé.

73. — *Quels sont les métaux usuels?*

Les métaux précieux qui sont le platine, l'or, l'argent; les métaux utiles qui sont le fer, le cuivre; le zinc, le plomb, l'étain.

74. — *Comment les métaux se rencontrent-ils dans la nature?*

Les métaux qui n'ont pas d'affinité pour l'oxygène se trouvent à l'état natif.

Tels sont l'or, le platine, l'argent, le mercure, le bismuth. Beaucoup se rencontrent à l'état d'oxydes : le fer, le zinc, le plomb, l'étain, assez souvent l'argent et le mercure; d'autres enfin se présentent à l'état tantôt de sels insolubles: carbonates, silicates, etc.; tantôt de sels solubles dans les eaux de la mer ou des sources salées.

75. *Quels sont les alliages les plus usuels?*

1° La soudure des plombiers et des ustensiles d'étain, composée de plomb et d'étain en proportions différentes; 2° le métal anglais, composé d'étain, d'antimoine, de bismuth et de cuivre; 3° les caractères d'imprimerie composés de plomb et d'antimoine; 4° le laiton, de cuivre et de zinc; 5° les différents bronzes, composés de cuivre, d'étain ou d'aluminium; 6° enfin les monnaies d'or et d'argent dans lesquelles il entre un dixième de cuivre.

76. — *Classification des métaux.*

PREMIÈRE SECTION : Ceux qui décomposent l'eau à froid. Ex.: potassium, sodium.

DEUXIÈME SECTION : Métaux décomposant l'eau au dessus de 50°. Ex.: manganèse.

TROISIÈME SECTION : Métaux décomposant l'eau à froid en présence des acides ou au rouge sombre. Ex.: fer, zinc.

QUATRIÈME SECTION : Métaux décomposant l'eau au rouge vif ou à 100° en présence des bases, en formant des acides. Ex.: étain, antimoine.

CINQUIÈME SECTION : Métaux ne décomposant l'eau qu'au rouge blanc. Ex.: cuivre, plomb.

SIXIÈME ET SEPTIÈME SECTIONS : Métaux ne décomposant pas l'eau. Ex.: Aluminium et métaux précieux.

SELS

77. — *Qu'appelle t-on sel?*

Le produit de la combinaison d'un acide avec une base : l'acide donne le genre; la base, l'espèce: les sulfates, les sulfites; les azotates, les azotites, etc.

78. — *Qu'est ce qu'un sel neutre?*

Celui dans lequel les actions de l'acide et de la base s'équilibrent. Dans un sel neutre, il y a toujours un rapport constant entre le poids de l'oxygène de l'acide et celui de l'oxygène de la base; ainsi dans les sulfates neutres, le rapport est 3; dans les azotates, 5, etc.

79. — *Qu'entend-on par anciennes lois de Berthollet?*

Des lois qui donnent les cas où un sel peut être entièrement décomposé par un acide, par une base ou un autre sel.

80. — *Donnez ces lois?*

Pour l'acide : à sec et à température plus ou moins élevée, un acide expulse complètement l'acide du sel : 1° quand il est à cette température plus fixe et plus stable ; 2° quand le nouveau sel qu'il forme est volatil ; 3° en présence de l'eau, l'expulsion de l'acide du sel est complète, s'il est insoluble, ou si le nouveau sel formé est insoluble : ainsi l'acide carbonique est expulsé par les acides sulfurique, azotique, etc. Pour les bases : à sec une base en déplace complètement une autre : 1° si celle ci est volatile, ou moins stable que la base étrangère ; 2° si le nouveau sel formé est insoluble ; 3° en présence de l'eau, la décomposition est complète si la base du sel est insoluble ou si le sel formé est insoluble. Ex.: décomposition des sels ammoniacaux par la chaux. Pour le sel devant un sel : deux sels mis en présence à sec et à une température plus ou moins élevée se décomposent complètement : 1° si, par l'échange de leurs éléments il peut se former un corps volatil ; 2° en dissolution, la décomposition est complète s'il peut se former, par échange, un sel insoluble ou beaucoup moins soluble : par exemple, le sulfate d'ammoniaque et le carbonate de chaux.

81. — *Quels sont les principaux sels?*

1° Les carbonates dont les plus utiles sont le carbonate de potasse qui sert à faire la potasse; le carbonate de soude qu'on emploie pour fabriquer la soude, les savons durs, et le carbonate de chaux qu'on trouve sous la forme de marbre, de craie, de calcaire, d'albâtre et qui sert à la construction, aux pierres lithographiques, à la chaux, etc.; 2° les sulfates, dont les plus connus sont le sulfate de chaux ou gypse dont on fait le plâtre, le sulfate de fer ou vitriol vert, le sulfate de cuivre ou couperose, l'alun, etc.; 3° l'azotate de potasse qui sert à la fabrication de la poudre de guerre, etc.

82. — *Quelle est la composition de la poudre de chasse?*

Soufre (12,5), charbon (12,5), salpêtre (75).

83. — *Qu'est-ce que l'alun ordinaire?*

Un sulfate double d'alumine et de potasse.

84. — *Quels sont les autres aluns?*

L'alun de soude, l'alun de chrome, l'alun ammoniacal.

85. — *Quelles sont les différentes formes du carbonate de chaux?*

Deux formes cristallisées différentes : L'arragonite et le spath d'Islande. Il se présente aussi sous des formes non cristallines : pierre à bâtir, craie; sous forme saccharoïde : marbres.

86. — *Qu'est-ce que le plâtre?*

Du sulfate de chaux qui se présente sous forme de pierre à plâtre ou *gypse* et que l'on déshydrate par la chaleur. Une variété de sulfate de chaux cristallise en *fer de lance*.

87. — *Sur quoi repose le principe de la métallurgie du fer?*

Sur l'action réductrice de l'oxyde de carbone.

CHIMIE ORGANIQUE

88. — *Qu'entend on par substances organiques?*

Celles qui peuvent former des combinaisons et présenter des propriétés physiques bien définies qui les rapprochent des composés minéraux. Il ne faut pas les confondre avec les substances organisées qui servent aux fonctions vitales.

89. — *Qu'ont de particulier les substances organiques?*

Elles ne renferment jamais que du carbone, de l'hydrogène, de l'oxygène et de l'azote, quelquefois même un de ces corps manque.

90. — *Quelles sont les principales substances organiques?*

Les principales substances organiques classées d'après leurs *fonctions chimiques* sont : les carbures d'hydrogène, les alcools, les éthers, les acides, les aldéhydes, les ammoniaques composées, les amides et les phénols.

91. — *Quels sont les principaux alcools?*

L'alcool méthylique, éthylique, propylique, butylique, etc.

92. — *Comment fait-on l'analyse élémentaire d'une substance non azotée?*

Au moyen de l'oxyde de cuivre dont l'oxygène donne avec le carbone de l'acide carbonique et avec l'hydrogène de la vapeur d'eau. L'oxygène se dose par différence.

93. — *Comment fait-on l'analyse d'une substance azotée?*

Le carbone et l'hydrogène se dosent sous la forme d'acide carbonique et de vapeur d'eau, et l'azote sous forme d'ammoniaque.

ANATOMIE ET PHYSIOLOGIE
ANIMALES

1° *En quoi les corps inorganiques diffèrent-ils des corps vivants ?*

Les corps vivants naissent d'un être semblable à eux ; les corps inorganiques doivent leur existence à un assemblage de molécules réunies soit par affinité, soit par réactions chimiques, et qui peuvent différer totalement de forme et de propriétés avec le corps qu'elles contribuent à former. — Les corps vivants se nourissent, croissent et meurent ; les corps inorganiques ne se nourrissent pas, et ils restent dans le même état tant qu'une force *extérieure* ne contribue pas à les augmenter ou à les détruire. — Les êtres vivants sont organisés, c'est-à-dire qu'ils sont composés de parties dont chacune a sa fonction ; les corps inorganiques ne sont pas organisés. — Tout être vivant se reproduit ; les corps inorganiques ne se reproduisent pas.

2° *Comment distingue-t-on les animaux des végétaux ?*

La cellule, qui est l'élément constitutif des tissus, renferme chez les végétaux de la *cellulose*, les cellules animales ne contiennent pas de cellulose. — Les animaux les plus rudimentaires jouissent d'une sensibilité générale, due au système nerveux, les végétaux n'ont pas de sensibilité générale, pas de système nerveux. — Les animaux se meuvent volontairement, les végétaux sont fixes, les rares cas de translation qu'on a constatés ne sont pas volontaires. — Les animaux possèdent un appareil digestif spécial qui n'existe pas chez les végétaux ; un appareil circulatoire avec organe central propulseur ; cet organe propulseur ne se rencontre pas chez les végétaux ; un appareil respiratoire localisé : les végétaux respirent par toutes leurs parties jeunes.

3° *Qu'entend on par fonction dans un animal?*

C'est l'ensemble des actes qui concourent à un même but. Ces actes sont réalisés par des appareils.

4. — *Qu'est-ce qu'un appareil?*

Un assemblage d'organes divers solidaires qui, par leur disposition réciproque et leur agencement, constituent un tout coordonné dont l'action a un résultat unique. *(Bichat.)*

5. — *Qu'est-ce qu'un organe?*

Une subdivision de l'appareil qui a sa conformation spéciale et qui est immédiatement divisible en éléments primaires, ou tissus. Les tissus sont eux-mêmes formés de cellules ou de substances dérivées de cellules.

6. *De quoi se compose une cellule?*

Essentiellement d'une substance gélatineuse quaternaire (oxygène, hydrogène, carbone et azote), contractile et qu'on appelle *protoplasma*.

7. — *Quels sont les principaux tissus?*

Le tissu épithélial qui recouvre la surface des corps; les tissus conjonctifs qui se divisent en élastique, muqueux, séreux, adipeux; le tissu osseux, le tissu cartilagineux, le tissu musculaire et le tissu nerveux.

8. — *Combien l'animal a-t-il de fonctions?*

Se conserver, se mettre en relation avec le monde extérieur, perpétuer l'espèce, telles sont les fonctions de l'animal. Pour nous conformer au programme, nous étudierons les deux premières, c'est-à-dire les fonctions de *nutrition* et les fonctions de *relation*.

FONCTIONS DE NUTRITION

9. — *Qu'appelle-t-on fonctions de nutrition?*

Celles qui ont pour but de conserver la vie de l'individu. Ce sont : la *digestion*, la *circulation*, la *respiration*, l'*élimination*.

Digestion

10. — *Qu'est-ce que la digestion?*

Une fonction par laquelle les aliments, c'est à-dire des matières extérieures à l'individu, sont introduites dans l'appareil digestif et transformées, partiellement, en principes assimilables, ou autrement dit en matières propres à entretenir la vie. Cette fonction s'opère au moyen de l'appareil digestif.

11. — *Qu'entend-on par aliment?*

Toute matière, quelle qu'en soit la nature, qui est susceptible de servir à la nutrition. On a fait des aliments, en se plaçant à différents points de vue, plusieurs classifications qui n'ont qu'un intérêt secondaire.

12. — *De quoi se compose l'appareil digestif?*

De cinq parties : la bouche, le pharynx ou arrière bouche, l'œsophage, l'estomac et l'intestin. Il y a aussi les glandes dont les produits mélangés aux aliments constituent les phénomènes chimiques de la digestion.

13. — *Qu'appelle-t-on phénomènes mécaniques de la digestion?*

Les actes des organes digestifs par lesquels les aliments sont appropriés à subir l'action des sucs digestifs.

14. — *Quels sont ces actes mécaniques?*

Les principaux sont la mastication et la déglutition.

15. — *Qu'est-ce que la mastication?*

Une opération par laquelle les aliments solides sont broyés et réduits en pâte. La mastication se fait au moyen des dents.

16. — *Parlez des dents.*

Les dents sont de petits corps durs, blancs, solidement fixés dans une cavité de la mâchoire appelée *alvéole*. La partie qui est renfermée dans l'alvéole s'appelle la *racine*, celle qui est apparente s'appelle la *couronne*, la partie intermédiaire couverte par les gencives s'appelle le *collet*. La couronne est recouverte d'un enduit cristallin très dur qu'on appelle *émail* et qui donne à la dent sa solidité. Enfin à l'intérieur de la dent se trouve un tissu mou, la *pulpe*, dans lequel se ramifient une artère, une veine et un nerf, c'est la partie vitale et aussi la partie sensible de la dent.

17. — *Combien y a-t-il de dents?*

Le nombre des dents varie chez les animaux, ainsi que leur forme, suivant la nourriture dont ils font habituellement usage. Chez l'homme il y a deux dentitions, la première se compose de 20 dents. A l'âge adulte l'homme a 32 dents, savoir :

à chaque mâchoire, 4 incisives, 2 canines et 10 molaires.

18. — *Qu'est-ce que la déglutition?*

Une opération par laquelle les aliments sont ingérés dans le tube digestif.

19. — *Comment s'opère la déglutition?*

Les aliments sont poussés par la langue, directement s'ils sont liquides, après mastication s'ils sont solides, vers l'arrière-bouche. Il y a là un carrefour dont les trois voies conduisent : la première aux fosses nasales, la seconde à l'*œsophage* et de là à l'estomac, la troisième au larynx et de là aux poumons.

20. — *Pourquoi les aliments ne pénétrent-ils pas indistinctement dans ces trois conduits?*

Parce qu'une membrane, appelée *voile du palais*, se soulève au passage des aliments et ferme les fosses nasales pendant que le gosier *(pharynx)* se soulève pour les recueillir. Une soupape *(épiglotte)* ferme en même temps l'entrée de l'appareil respiratoire *(larynx)*.

21. — *Où passent ensuite les aliments?*

Dans l'œsophage, puis dans l'estomac, ensuite dans les intestins où les matières assimilables sont absorbées et les résidus sont expulsés par le *rectum*.

22. — *Qu'est-ce que l'œsophage?*

Un tube membraneux, élastique, qui sert à conduire les aliments de la bouche à l'estomac.

23. — *Qu'est-ce que l'estomac?*

Une grande poche logée à la partie supérieure de l'abdomen et à la partie inférieure du thorax. Elle fait suite directement à l'œsophage par le *cardia* et se continue sans interruption avec les intestins par une ouverture appelée *pylore*. Sa partie externe est composée de muscles très forts et *lisses*, c'est-à-dire innervés par le système grand sympathique et non soumis à l'action de la volonté; la paroi interne est une .mu queuse sillonnée de plis et renfermant quantité de glandes qui secrètent le suc gastrique, lequel contient un ferment spécial, la *pepsine*, dont nous verrons l'utilité.

24. — *Qu'est-ce que l'intestin ?*

C'est un long tube, de parois minces, et plusieurs fois replié sur lui-même. Il occupe la majeure partie de l'abdomen et est dans toute son étendue recouvert par une séreuse (*le péritoine*). Au point de vue physiologique et même anatomique, il n'y a que deux divisions : *l'intestin grêle* où s'achève la digestion et où se fait une grande partie de l'absorption, et le *gros intestin* où s'achève l'absorption, et où s'accumulent les résidus qui sont expulsés par le *rectum*.

**25. — *En quoi consistent les phéno-
mènes chimiques de la digestion ?***

Chacune des parties du tube digestif
contient des glandes qui ont une action
spéciale sur les aliments : 1° les glandes
salivaires placées dans la bouche (*sublin-
guales, sous-maxillaires, parotides* et
buccales), elles fournissent un liquide
(*salive*) qui contient de la *ptyaline*, ferment dont la propriété est de transformer les matières féculentes en glucose
soluble ; 2° les glandes de l'estomac qui
secrètent la *pepsine* (suc gastrique) dont
la propriété est de transformer les aliments azotés en corps solubles et assimilables appelés *peptones* ; 3° les glandes intestinales, dont la sécrétion agit
sur les sucres cristallisables ; 4° les
glandes dites *annexes*, savoir : le foie et
le pancréas.

26. — *Qu'est-ce que le foie ?*

Une grosse glande placée dans l'abdomen, à droite, au-dessous du diaphragme, sur l'estomac qu'elle recouvre
en partie. Elle secrète la bile ; nous par-
lerons plus tard d'une autre fonction
importante du foie, la fonction *glycogénique*.

**27. — *Quel est le rôle digestif de la
bile ?***

Elle neutralise l'action du suc gastrique, elle empêche la putréfaction des

matières alimentaires, elle aide à la progression des aliments dans le tube intestinal et enfin nettoie les intestins. La bile est déversée dans l'intestin grêle par le canal *cholédoque* un peu au-dessous du *cardia*.

28. — *Qu'est-ce que le pancréas ?*

Une glande allongée située un peu plus bas que le foie ; elle secrète un liquide alcalin, visqueux, qui s'écoule dans le duodénum par le canal de Wirsung.

29. — *Quelle est l'action du suc pancréatique ?*

Il émulsionne les corps gras et les rend ainsi assimilables ; il achève la transformation des féculents en glucose, déjà ébauchée par la salive.

30. — *Que deviennent les aliments à la suite de ces transformations ?*

Les matières assimilables sont absorbées graduellement, celles qui ne peuvent être absorbées se réunissent en une masse qui est expulsée par le rectum.

31. — *Comment se fait l'absorption ?*

Par les villosités intestinales pourvues d'un réseau spécial de vaisseaux : les chylifères qui aboutissent à une poche appelée *citerne de Pecquet*. Le contenu de cette poche est amené, par le canal thoracique, dans la veine sous-clavière gauche où il se déverse et entre dans la circulation pour fournir au sang les matériaux nécessaires à la vie.

32. — *Quelles sont les principales modifications de l'appareil digestif chez les animaux ?*

1° La préhension des aliments se fait dans l'espèce humaine et chez les quadrumanes par les mains, chez l'éléphant par la trompe, chez les herbivores par les lèvres ou la langue, chez les oiseaux par le bec, chez les insectes par les mandibules, etc.

2° Chez les animaux qui ont des dents, le système dentaire diffère avec la nourriture habituelle ; beaucoup d'animaux n'ont pas de dents.

3° L'estomac chez les ruminants se compose de quatre poches, *panse, bonnet, feuillet, caillette,* cette dernière est celle qui est la plus importante ; chez les oiseaux il y a le *jabot,* le *ventricule succenturié* et le *gésier* ; chez des animaux inférieurs, il n'y a qu'un rudiment d'estomac.

4° La longueur de l'intestin varie ; il est plus long chez les herbivores que chez les carnivores. Chez les oiseaux et les reptiles il se termine par un cloaque, par lequel l'urine, et les matières fécales sont expulsées en même temps. Chez beaucoup d'animaux inférieurs, l'appareil digestif n'a qu'une seule ouverture qui sert alternativement à l'introduction des aliments èt à l'expulsion des résidus. Enfin les glandes qué nous avons indiquées chez l'homme se modifient ou peuvent manquer : ainsi les poissons n'ont pas de glandes salivaires, etc.

Circulation.

33. — *Qu'est-ce que la circulation ?*
Une fonction par laquelle un liquide, *le sang*, apporte aux tissus la nourriture et l'oxygène qui leur sont nécessaires, et se charge des déchets pour les conduire aux organes qui ont fonction de les éliminer.

34. — *Qu'est-ce que le sang ?*
Un liquide rouge, alcalin, composé de deux parties : une, *la plus importante*, solide (*cruor*), l'autre, liquide (*plasma*).

35. — *De quoi se compose la partie solide du sang ?*
De globules rouges ou *hématies* et de globules blancs ou *leucocytes*. Les globules rouges sont de petits corps microscopiques discoïdes chez la plupart des mammifères, elliptiques chez les caméliens, convexes chez les animaux inférieurs. Ils ont pour propriété de s'imprégner d'une partie de l'oxygène de l'air introduit dans les poumons et de céder cet oxygène aux différents tissus de l'orga-

nisme. Les globules blancs sont plus volumineux que les hématies, leur forme est moins régulière, leur structure n'est pas la même. Ils sont aussi moins nombreux, leur proportion étant d'environ 1 pour 500 globules rouges. On croit qu'ils servent à régénérer le sang, mais leur rôle n'est pas encore exactement établi.

36. — *De quoi se compose la partie liquide du sang ?*

De *fibrine* et de *sérum*. La fibrine est une substance albuminoïde spontanément coagulable, du moins à sa sortie des vaisseaux ; c'est elle qui, en emprisonnant les autres éléments du sang, forme le *caillot*. Le sérum est un liquide albuminoïde contenant en dissolution une assez grande quantité de sels, surtout à base le soude.

37. — *Comment le sang circule t-il?*

Au moyen d'un organe central propulseur, le *cœur*, qui le fait progresser dans des canaux : *artères, capillaires* et *veines*.

38. — *Parlez du cœur.*

Le cœur est un muscle creux, qui a la forme d'une poire, la pointe en bas. Il appartient à la catégorie des muscles striés, mais il n'est pas soumis à l'action du système nerveux central et dépend du grand sympathique. Il est divisé en quatre cavités : deux oreillettes et deux ventricules ; les oreillettes sont en haut, les ventricules en bas, une cloison sépare le cœur en deux parties, et l'oreillette droite communique avec le ventricule droit au moyen d'une soupape appelée valvule tricuspide, l'oreillette gauche communique avec le ventricule gauche par la valvule mitrale, mais les deux parties du cœur ne communiquent pas entre elles. Le cœur est situé dans la poitrine entre les deux poumons. La pointe se trouve à gauche entre la sixième et la septième côte.

39. — *Qu'est-ce que les artères?*

Des vaisseaux qui partent des ventricules du cœur. On peut les comparer à un arbre dont les ramifications successives iraient jusqu'à devenir microscopiques. A proprement parler il n'y a que deux artères, l'une issue du ventricule gauche, l'autre du ventricule droit.

40. — *Quelle est la structure des artères?*

Elles sont composées de trois tuniques, dont la moyenne très élastique à un rôle important puisqu'elle assure la régularité de la circulation ; c'est à cette élasticité aussi qu'est due la gravité des blessures des artères, parce que la plaie reste béante. La tunique externe renferme les vaisseaux nourriciers et les nerfs vasomoteurs. Elle est résistante. La tunique interne, dite aussi *séreuse*, est commune à tous les vaisseaux sanguins, mais elle est plus épaisse dans les artères que dans les veines.

41. — *Qu'est-ce que les capillaires?*

Des vaisseaux très petits comme l'indique leur nom ; ils servent d'intermédiaires entre les artères et les veines, et suivant leur dimension se composent de trois, deux ou une seule tunique. Leur rôle est de porter le sang du centre à la périphérie, comme les artères, et de le distribuer aux tissus en plus ou moins grande quantité, suivant les besoins de chacun d'eux; leur fonction la plus importante est de servir de lieu d'échange entre les éléments du sang et les éléments anatomiques des tissus, ou même avec les apports de l'extérieur, par ex.: la fixation de l'oxygène de l'air par le sang dans les poumons.

42. — *Qu'est-ce que les veines?*

Un système de vaisseaux qui ramènent le sang de la périphérie au centre, c'est-à-dire au cœur. Les veines sont moins épaisses que les artères ; elles se composent de quatre tuniques. On rencontre, dans les veines quelque peu volumineuses, des valvules qui ont pour but d'empêcher le sang de rétrograder et de servir au besoin de point d'appui à la colonne liquide pour lui permettre de surmonter un obstacle. Les gros troncs artériels sont accompagnés chacun de deux veines d'un volume supérieur, anastomosées entre elles. Les veines aboutissent à l'oreillette droite.

43. — *Donnez une idée du mécanisme de la circulation.*

Nous partirons du ventricule gauche. Une contraction du cœur envoie le sang que ce ventricule renfermait dans l'artère *aorte*, où les valvules sigmoïdes l'empêchent de retourner au cœur. Par suite de l'impulsion reçue, impulsion conservée par l'élasticité de la tunique moyenne, le sang progresse graduellement dans les artères jusqu'aux capillaires où ont lieu les échanges. Ensuite il est repris par les veines qui, à l'inverse des artères dont le volume va graduellement en diminuant, augmentent graduellement de volume. Le sang est ramené par les *veines caves* à l'oreillette droite. De là il passe dans le ventricule droit. Une contraction le jette dans l'artère pulmonaire et dans les capillaires du poumon où il se débarrasse d'une partie de son acide carbonique et se charge d'oxygène. Des capillaires du poumon il est ramené à l'oreillette gauche par les veines pulmonaires. De l'oreillette gauche il est introduit dans le ventricule gauche, recommence le même trajet.

44. — *Qu'appelle-t-on grande et petite circulation.*

La *grande* circulation est celle qui va du ventricule gauche à l'oreillette droite; la *petite* va du ventricule droit à l'oreillette gauche. Dans la première le sang rouge ou oxygéné est contenu dans les artères et le sang noir dans les veines; dans la seconde, c'est le contraire, l'artère pulmonaire contient du sang noir et le sang rouge est ramené au cœur par les veines pulmonaires.

45.   *N'y a-t il pas un liquide autre que le sang qui circule dans le corps humain?*

Il y a la *lymphe*; nous avons vu dans le chapitre de la digestion *(absorption)* que les produits sont recueillis par les vaisseaux *chylifères* qui les déversent dans le canal thoracique et de là dans la veine sous-clavière gauche. Il existe dans tous les organes une quantité considérable de vaisseaux analogues, espèce de réseau incolore ou blanchâtre interrompu de distance en distance par des renflements : les *ganglions*. Ces vaisseaux recueillent les liquides transsudés dans l'intimité des tissus et les ramènent au système circulatoire, par l'intermédiaire du canal thoracique pour la partie inférieure du corps, par la grande veine lymphatique et de là dans la veine sous-clavière *droite* pour la tête et la partie supérieure du corps.

46. — *Quelles sont les principales modifications de l'appareil circulatoire dans le règne animal?*

1° Chez les mammifères et les oiseaux, l'appareil circulatoire ne diffère pas sensiblement de celui de l'homme.

2° Chez les reptiles (sauf les crocodiliens) le cœur a deux oreillettes mais un seul ventricule, de sorte qu'il n'y circule qu'un mélange de sang rouge et noir.

3° Chez les poissons il n'y a plus qu'une oreillette et un seul ventricule d'où part le sang noir pour aller se régénérer dans les branchies.

4° Chez les mollusques une seule oreillette et un seul ventricule, mais contenant du sang rouge.

5° Chez les crustacés, il n'y a qu'une poche centrale entourée par un péricarde rempli de sang. Ce sang s'introduit dans la poche dont les contractions le distribuent aux vaisseaux.

6° Chez les insectes il n'y a, au lieu de cœur, qu'un vaisseau dorsal contractile. Il n'y a plus ni veines ni artères, mais quelques vaisseaux présentant des solutions de continuité : c'est la circulation lacunaire.

Respiration.

47. — *Qu'est-ce que la respiration ?*

Une fonction par laquelle le sang se charge d'oxygène et se débarrasse d'une partie de son acide carbonique.

48. — *Où se fait la respiration ?*

Dans les poumons, organe pair, situé dans la poitrine qu'il occupe entièrement depuis la base du cou jusqu'à la pointe du sternum.

49. — *Décrivez un poumon.*

C'est une masse élastique formée par l'agglomération d'une quantité considérable de tout petits sacs appelés lobules. A chacun de ces sacs correspond un petit tuyau cartilagineux, *les bronches capillaires,* qui s'attachent sur d'autres bronches de plus en plus grosses et aboutissent à la trachée-artère, conduit formé de demi-anneaux cartilagineux qui passe en avant de l'œsophage et, par le larynx, qui le surmonte, aboutit à l'arrière-bouche. Chaque poumon est enveloppé d'une membrane séreuse, la plèvre, et les deux remplissent exactement la cavité thoracique.

50. — *En quoi consistent les phéno-mènes mécaniques de la respiration ?*

En deux mouvements alternatifs :

l'*inspiration* qui introduit l'air dans les poumons et l'*expiration* qui chasse les gaz qui y sont contenus.

51. — *Comment se fait l'inspiration ?*

Le muscle diaphragme s'abaisse par sa contraction, les côtes se portent en avant et en haut sous l'effort des muscles inspirateurs : la cavité thoracique devient ainsi plus grande et il y a appel d'air.

52. *Comment se fait l'expiration ?*

Le diaphragme se relâche, les muscles expirateurs abaissent les côtes, le poumon suit le mouvement et une partie des gaz qui y sont contenus est expulsée.

53. — *Comment sont expulsées les mucosités ?*

Par les cils vibratils de l'épithélium de la muqueuse pulmonaire. Ces cils sont disposés de façon à pousser de dedans en dehors les produits des glandes de la muqueuse. En même temps ils s'opposent à l'introduction des poussières.

54. — *En quoi consistent les phénomènes chimiques de la respiration ?*

En des échanges. Chaque lobule est pourvu d'un riche réseau de capillaires. Les globules rouges du sang contiennent une substance (hémoglobine) à laquelle ils doivent leur coloration, et qui jouit de la propriété de se combiner avec l'oxygène de l'air en se transformant en *oxyhémo-globine*. A chaque inspiration, ils prennent à l'air introduit une partie de son oxygène qu'ils transportent ensuite dans la circulation.

55. — *Que devient cet oxygène ?*

Le composé ainsi formé est peu stable, et les globules cèdent leur oxygène aux tissus pour brûler une partie des produits de la digestion ; il en résulte un certain nombre de *déchets*. L'un d'eux, *l'acide carbonique*, est repris par le plasma du sang, ramené au cœur droit et, par l'artère pulmonaire, aux poumons où, en vertu de sa tension supérieure à celle de l'air, il se dégage en partie : c'est le phénomène de l'expiration.

56. — *Quel est le résultat de cette combustion intérieure ?*

D'abord, d'éliminer des substances qui deviendraient nuisibles, ou de les rendre assimilables, ensuite, de procurer aux tissus la chaleur dont ils ont besoin, appelée *chaleur animale* parce qu'elle vient de l'individu et non du dehors.

57. — *La chaleur animale est-elle constante ?*

Elle varie avec les espèces, mais dans la même espèce elle est constante. Chez l'homme elle est de 37 à 38 degrés centigrades. Elle ne peut varier que de quelques degrés. Une augmentation de 5 degrés au-dessous ou au-dessus entraîne la mort. Les circonstances extérieures n'ont que peu d'influence. La chaleur est tempérée par la sueur, le froid par l'exercice et une nourriture appropriée.

58. — *Quelles sont les modifications de l'appareil respiratoire dans la série animale?*

Chez les mammifères, il n'y a pas de modification. Chez les oiseaux il y a des poumons, mais ils communiquent avec des *sacs aériens*. Ces sacs communiquent avec les os qui sont creux, de sorte que tout le corps peut se remplir d'air chaud; chez les *reptiles*, le poumon consiste en un simple sac où l'air est introduit par déglutition. Les *batraciens*, à la naissance, respirent comme les poissons; à l'état adulte, comme les reptiles. Les poissons respirent par des branchies, lamelles très minces entourées d'un réseau de capillaires et au moyen desquelles ils s'emparent de l'oxygène contenu en dissolution dans l'eau. Les *mollusques* respirent par des branchies ou par la peau *(manteau)*, les *crustacés* par des branchies; les *insectes* respirent par des trachées, petits tubes maintenus béants par une spirale de chitine et s'ouvrant au dehors par des stigmates; les *annelés*

respirent tantôt par des *houppes* bran-
chiales, tantôt par la peau.

Appareils d'élimination.

59. — *Qu'entend-on par ces mots?*

Des appareils qui servent à excréter
les produits de la combustion intérieure.
Nous avons vu que cette combustion
produit des *déchets*, que l'un d'eux,
l'acide carbonique, est éliminé par l'appareil respiratoire. A ce point de vue,
les poumons sont un appareil d'élimination.

60. — *Quels sont les autres?*

Les reins et les glandes de la peau.

61. — *Qu'est-ce que le rein?*

Un organe pair situé de chaque côté
de la colonne vertébrale dans les lombes;
il a la forme d'un haricot, se compose
d'une quantité de petits tubes microscopiques issus d'un renflement appelé
glomérule et aboutissant à une cuvette
commune, le *bassinet*, qui se continue
par les urétères, au nombre de deux,
aboutissant à chacun des côtés de la
vessie. Là s'accumulent les liquides issus
du rein, qu'on appelle urine, pour être
évacués au dehors.

62. — *Quels sont les déchets évacués par l'urine?*

L'urée, l'acide urique et l'excès d'eau. Elle renferme, en outre, du chlorure de sodium et des phosphates.

63. — *L'urée est-elle évacuée seulement par le rein?*

Non, elle l'est aussi par les glandes sudoripares de la peau qui fournissent la sueur, liquide analogue à l'urine. La peau contient encore d'autres glandes, les *sébacées*, qui sécrètent une matière grasse destinée à lubrifier l'épiderme et à l'empêcher de s'écailler.

64. — *Quelles sont les fonctions du foie?*

Nous avons déjà vu qu'il produit la bile. Une découverte de date récente *(Claude Bernard)* a montré qu'il a la propriété d'emmagasiner le glucose qui lui est apporté par la veine-porte et de le transformer en glycogène. Il ne laisse passer de glucose que ce qui est nécessaire aux tissus. Si le glucose venait à manquer, le glycogène se transformerait en glucose, qui serait remis en circulation. Ainsi, outre sa fonction de sécréter la bile, le foie est aussi un magasin de réserve à glucose; c'est ce qu'on appelle la fonction glycogénique.

FONCTIONS DE RELATION

65. — *Qu'entend-on par fonctions de relation?*

Celles qui nous mettent en rapport avec le monde extérieur. Elles sont propres aux animaux et n'existent pas chez les végétaux.

66. — *En quoi consistent ces fonctions?*

Dans la sensibilité et le mouvement dûs tous deux au système nerveux agissant, pour la première, par les organes des sens et pour la seconde, par les muscles et le squelette.

67. — *De quoi se compose le système nerveux?*

De deux parties : l'une appelée système nerveux de la vie animale ou *cérébro spinal;* l'autre, système nerveux de la vie organique ou *grand sympathique,* ou encore *système ganglionnaire.*

68. — *Quelles sont les parties qui composent le système de la vie de relation?*

Ce sont : les masses centrales ou axe cérébro-spinal et les filets périphériques ou nerfs.

69. — *Que comprend l'axe cérébro-spinal?*

Il comprend le cerveau, le cervelet, la moelle allongée et la moelle épinière.

70. — *Parlez du cerveau?*

Il occupe toute la partie antérieure et supérieure du crâne, est enveloppé de trois tuniques : la *dure-mère*, *l'arachnoïde* et la *pie-mère*, qui, ensemble, forment les méninges, et se compose de deux hémisphères, chacun divisé en trois lobes, tous remarquables par la présence d'un nombre considérable de replis appelés : *circonvolutions du cerveau*. La couche extérieure est formée de substance grise, tandis que toute la partie centrale est constituée par de la substance blanche.

71. — *Quel est l'usage du cerveau?*

Il est probable qu'il est l'organe de l'intelligence. En enlevant les hémisphères, on fait perdre à l'animal l'*initiative*, la *spontanéité* et la *mémoire*.

72. — *Qu'est-ce que le cervelet?*

Le cervelet, logé dans les fosses occipitales (derrière la tête), est plus large que haut, il est également divisé en deux hémisphères, du centre desquels part la moelle épinière. Sa constitution est la même que celle du cerveau.

73. — *A quoi sert le cervelet?*

Il paraît destiné à régler et à coordonner les mouvements de l'animal.

74. — *Qu'est-ce que la moelle épinière?*

C'est la partie de l'axe cérébro-spinal

logée dans le tube vertébral. La partie supérieure, un peu renflée, prend le nom de *moelle allongée*. Sa constitution est la même que celle du cerveau et du cervelet, mais c'est la substance blanche qui enveloppe la substance grise.

75. — *A quoi sert la moelle épinière?*

C'est le conducteur du principe nerveux, c'est par elle que la volonté est transmise à la périphérie et que les sensations sont ramenées au centre, c'est-à-dire au cerveau.

76. — *Qu'est ce que les nerfs?*

Ce sont des cordons formés par les prolongements des cellules nerveuses, protégés par des enveloppes et destinés, les uns à transmettre au cerveau les impressions du dehors, les autres à transmettre aux muscles moteurs les ordres du cerveau; enfin d'autres, appartenant au grand sympathique, sont chargés des mouvements organiques dont l'animal n'a pas conscience. Ils se distinguent en ce qu'ils forment des masses ou *ganglions*. Les nerfs, proprement dits, partent de la moelle épinière ou de la base du cerveau, de là leur nom de *nerfs rachidiens* et *nerfs crâniens*. Il y a douze paires de nerfs crâniens et trente quatre paires de nerfs rachidiens.

77. — *Quelle est la situation du système nerveux?*

1° chez les vertébrés, les deux systèmes (cérébro-spinal et grand sympathique) sont au-dessus du tube digestif; 2° chez les invertébrés, le cerveau et le système de la vie de nutrition sont au-dessus du tube intestinal, tandis que les autres parties sont au-dessous; 3° en général le développement du système cérébral est en raison de l'intelligence de l'animal.

Organes des sens.

78. — *Quels sont les organes des sens?*

Ce sont : le toucher, le goût, l'odorat, l'ouïe et la vue.

79. — *Parlez du toucher*.

Il a pour siège la peau et en particulier l'extrémité des doigts. La peau se compose de deux parties : *l'épiderme* et le *derme*. L'épiderme est parsemé de saillies qui ont reçu le nom de *papilles* et dont la présence est surtout visible à l'extrémité des doigts. Les poils et les parties cornées ne sont qu'une dérivation de la peau, leur sensibilité est obtuse.

80. — *Parlez du goût.*

L'organe du goût est la langue, formée par un grand nombre de muscles entre-

lacés, recouverts d'une membrane mu
queuse, sur la surface de laquelle on
remarque des papilles dans lesquelles
se ramifient les filets du nerf lingual.

81. — *Parlez de l'odorat.*

Il a pour siège les *fosses nasales*, re-
vêtues d'une membrane muqueuse d'une
grande délicatesse appelée *membrane
pituitaire*, qui reçoit en grand nombre
des filets émanant des nerfs olfactifs.

82. — *Parlez de l'ouïe.*

Elle a pour siège l'oreille. On distingue:
1° l'oreille externe qui se compose du *pa-
villon* et du *conduit auriculaire*; 2° l'o-
reille moyenne séparée de la première
par le *tympan* et qui est comme une
caisse au fond de laquelle se trouvent
deux autres ouvertures fermées par une
membrane et appelées *fenêtre ovale* et
fenêtre ronde. Du tympan à la fenêtre
ovale s'étend une chaîne de petits os-
selets, le *marteau*, l'*enclume*, l'*os lenti
culaire* et l'*étrier*, destinés à transmettre
l'ondulation; 3° l'oreille interne, composée du *vestibule*, *des canaux semi-cir-
culaires* et du *limaçon*, le tout rempli
d'un liquide dans lequel se ramifient les
nerfs acoustiques.

83. — *Parlez de la vue.*

L'organe de la vue est l'œil. C'est un

globe formé de quatre membranes : la première (extérieure) s'appelle *sclérotique* (blanc de l'œil); elle est transparente en avant et forme la *cornée transparente* ; la deuxième porte le nom de *choroïde* : elle tapisse en dedans la sclérotique en formant les *procès ciliaires* et l'*iris* ; elle est percée d'une ouverture circulaire, la *pupille* ; la troisième, appelée membrane *hyaloïde*, soutient le *cristallin*, véritable lentille biconvexe, placée derrière la pupille et destinée à faire converger les rayons lumineux. La quatrième membrane est la *rétine* qui n'est que l'épanouissement du nerf optique. L'espace compris entre la choroïde et le cristallin, entre la membrane hyaloïde et la rétine est rempli par l'humeur *aqueuse* ou *vitrée*.

84. — *Indiquez la marche de la lumière dans l'œil ?*

L'image lumineuse traverse la cornée et la pupille ; elle se réfracte dans le cristallin et dans l'humeur vitrée, plus dense que l'air, et va se peindre renversée sur la rétine.

85. — *Qu'appelle-t on presbytie, myopie ?*

Le presbyte est celui qui ne voit distinctement que des objets éloignés, la cornée est trop aplatie. Le myope est celui qui ne distingue que les objets rapprochés, la cornée est trop bombée. Le premier corrige ce défaut au moyen de verres convexes ; le second, au moyen de verres concaves.

86. — *Qu'est-ce que la voix?*

La voix n'est pas à proprement dire un sens, mais c'est un organe de relation très important.

87. — *Comment se produit la voix ?*

L'intérieur du larynx est tapissé par une membrane muqueuse qui forme quatre replis qu'on appelle *cordes vocales*. C'est par le passage de l'air et son frôlement sur ces cordes que se produit la voix. Leur tension plus ou moins grande est la cause de la gravité ou de l'acuité des sons. Cette tension est due à l'écartement ou au rapprochement des cartilages du larynx.

Locomotion.

88. — *Quels sont les organes de la locomotion ?*

Ce sont les muscles et les os. Les muscles ont la propriété de se contracter. Ceux qui doivent le faire sous l'influence de la volonté reçoivent les nerfs de l'axe cérébro-spinal ; ceux dont la contraction s'opère indépendamment de la volonté sont innervés par le grand sympathique.

89. — *Comment s'appellent les muscles ?*

Selon leur fonction, ils s'appellent *fléchisseurs, extenseurs, rotateurs, abducteurs, adducteurs.*

90. — *Comment les muscles s'attachent-ils aux os ?*

Par un tissu blanc très solide qu'on appelle *tendon* quand l'attache est allongée et peu élargie, et *aponévrose* quand cette même attache est large et aplatie en forme de lame.

91. — *Quelle est la constitution des os.*

Ils sont constitués par une matière animale appelée *osséine*, et des matières minérales, phosphate et carbonate de chaux. Les os cylindriques sont remplis d'une matière grasse nommée *moelle*, (substance médullaire).

92. — *Quels sont les os dont se compose la tête ?*

Le crâne se forme de huit os : *l'os frontal, l'occipital*, les *pariétaux*, les *temporaux*, enfin *l'os ethmoïde* en avant et *sphénoïde* en arrière. La face est formée par quatorze os différents qui circonscrivent les organes des sens.

93. — *Quels sont les os de la colonne vertébrale ?*

Il y en a trente-trois divisés en sept *cervicales*, douze *dorsales*, cinq *lombaires*, cinq *sacrées* et quatre *coccygiennes*.

94. — *Quels sont les os de la cage thoracique ?*

Ce sont les côtes au nombre de douze paires dont sept vraies et cinq fausses ; les premières s'attachent par derrière à la colonne vertébrale et vont aboutir par devant à un os médian appelé *sternum*.

95. — *Quels sont les os qui composent les membres ?*

Les membres sont au nombre de quatre, deux supérieurs ou thoraciques et deux inférieurs ou abdominaux. Ils sont formés les uns et les autres d'une partie qui sert de point d'appui et d'un levier articulé.

96. — *Quels sont les os des membres supérieurs ?*

L'*épaule*, formée de l'*omoplate* et de la *clavicule* ; le bras formé d'un seul os, l'*humérus* ; l'avant-bras, composé de deux os : le *cubitus* et le *radius* ; enfin la main qui comprend le poignet ou *carpe*, le *métacarpe* et les doigts où l'on trouve les *phalanges*.

97. — *Quels sont les os des membres inférieurs ?*

1° Les os *iliaques*, soudés entre eux en

avant et, en arrière, s'appuyant sur le *sacrum*, de manière à former une ceinture osseuse qui porte le nom de *bassin* ; 2° la cuisse, composée d'un seul os, le *fémur* ; 3° la jambe, qui comprend le *tibia* et le *péroné* ; 4° le pied formé, à l'instar de la main, du *tarse*, du *métatarse* et des orteils composés de *phalanges*.

98. — *Ces os sont-ils les mêmes chez tous les animaux ?*

Ils se modifient suivant le genre de vie de l'animal. Les bras deviennent des ailes chez l'oiseau ; des nageoires chez les poissons. Les pieds éprouvent de semblables modifications.

CLASSIFICATION DU RÈGNE ANIMAL.

99. — *Comment divise-t-on le règne animal ?*

En quatre embranchements (d'après Cuvier) : les *vertébrés*, les *annelés*, les *mollusques* et les *zoophytes* ou *rayonnés*. La classification s'est faite par rapport au système nerveux. Dans les rayonnés, il est diffus ; chez les mollusques, il est symétrique ; chez les annelés, il se forme en ganglions ; enfin les vertébrés ont un axe cérébro-spinal.

100. — *Comment se divise l'embranchement des vertébrés?*

En cinq classes : *mammifères, oiseaux, reptiles, batraciens* et *poissons.* Cette division est fondée sur les fonctions de la respiration et de la circulation.

101. — *Quels sont les caractères des mammifères?*

Vertébrés à circulation complète, à cœur présentant quatre cavités; à sang chaud; à respiration pulmonaire simple; pourvus d'organes de lactation; à lobes du cervelet réunis par une protubérance annulaire; à mâchoire inférieure directement articulée avec le crâne; à corps ordinairement garni de poils; vivipares.

102. — *Quels sont les caractères des oiseaux?*

Vertébrés à circulation double et complète, à respiration aérienne et double, à sang chaud; ovipares; leurs membres antérieurs sont conformés pour le vol; leur peau est garnie de plumes.

103. — *Quels sont les caractères des reptiles?*

Vertébrés à sang froid, à circulation double et incomplète, à respiration aérienne, semblables, jeunes, à ce qu'ils seront adultes, ovipares.

104. — Comment divise-t-on les mammifères?

Les mammifères se divisent en 1° *bimanes* (l'homme); 2° *quadrumanes* (le singe); 3° *rongeurs* (le rat); 4° les *édentés* (pangolin); 5° les *carnassiers* (le chat); 6° les *pachydermes* (le cheval); 7° les *ruminants* (le bœuf); 8° les *cétacés* (la baleine).

105. — Comment divise-t-on les oiseaux?

1° En *rapaces* (milan); 2° *passereaux* (moineau); 3° *grimpeurs* (perroquets); 4° *gallinacés* (poule); 5° *échassiers* (grue); 6° *palmipèdes* (canard).

106. — Comment divise-t-on les reptiles?

1° *Chéloniens* (tortue); 2° *sauriens* (lézard); 3° *ophidiens* (serpent).

107. — Qu'ont de particulier les batraciens?

C'est que dans les premiers moments de leur vie ils respirent par des branchies et, par leur organisation, ressemblent aux poissons. Le type est la grenouille.

108. — Comment divise-t-on les poissons?

En poissons osseux et en poissons cartilagineux.

109. — Combien compte-t-on de classes dans l'embranchement des annelés?

Quatre : les *insectes*, les *arachnides*, les *myriapodes* et les *crustacés*.

110. — *Que comprend l'embranchement des mollusques ?*

Cinq classes : les *céphalopodes,* les *ptéropodes,* les *gastéropodes,* les *acéphales* et les *brachiopodes.*

111. — *Quelles sont les divisions de l'embranchement des rayonnés ?*

Il comprend : 1° les *échinodermes* (astérie) ; 2° les *acaléphes* (méduse) ; 3° les *polypes* (le corail) ; 4° les *infusoires ;* 5° les *spongiaires.*

ANATOMIE
ET PHYSIOLOGIE VÉGÉTALES

1. — *Quels sont les caractères généraux des végétaux ?*

Les végétaux sont des êtres *vivants*. Nous avons distingué ces êtres des minéraux, dans la physiologie animale. Les végétaux se différencient des animaux : 1° en ce que la cellule végétale est enveloppée de *cellulose* ; chez les animaux il n'y a pas de cellulose, sauf chez les tuniciers ; 2° les végétaux contiennent une substance qui leur donne une couleur verte : la *chlorophylle*, les animaux n'en contiennent pas ; 3° la fonction de nutrition ne s'exerce pas de la même façon ; 4° les animaux possèdent un système nerveux, on n'en trouve pas chez les végétaux qui, par conséquent, sont insensibles et ne peuvent se mouvoir *volontairement*.

2. — *Quels sont les principaux tissus ?*

Le parenchyme, formé de cellules aussi larges que longues ; le prosenchyme, cellules allongées ; le sclérenchyme, cellules dures, ligneuses ; le collenchyme, cellules épaisses mais non dures, etc. Tous ces tissus ont pour origine la cellule végétale.

3. — *De quoi se compose cette cellule ?*

De protoplasma avec un noyau, d'une enveloppe cellulosique, et d'un liquide, le *suc cellulaire*.

4. — *La membrane d'enveloppe a-t-elle partout la même épaisseur ?*

Non, et c'est ce qui donne aux cellules et par suite aux tissus qui en sont formés un aspect spécial : *ponctué, rayé, spiralé, scalariforme*, etc. Ces différences ont pour but de favoriser les échanges et de servir de soutien aux tissus.

NUTRITION

(Étude spéciale d'une plante phanérogame.)

5. — *Qu'est-ce qu'une plante phanérogame ?*

Une plante qui a des organes de reproduction apparents, c'est-à-dire des fleurs. On appelle *monoïques* les fleurs qui renferment en même temps les étamines et le pistil, et *dioïques* celles qui ne contiennent qu'un de ces organes. Les plantes *cryptogames* sont celles qui n'ont pas d'organes de reproduction apparents, par conséquent pas de fleurs.

6. — *Quels sont les organes de nutrition ?*

La racine, la tige et son expansion, particulièrement les feuilles.

7. — *Qu'est ce que la racine ?*

Le développement de la radicule de l'embryon. C'est la partie de la plante qui se dirige verticalement dans le sens de la pesanteur, c'est-à-dire vers le centre de la terre. C'est pour cela qu'on dit que la racine est *géotropique* ; quelle que soit en effet la position qu'on lui donne, elle se dirige toujours suivant la verticale.

8. — *Quels sont les caractères de la racine ?*

Extérieurement, la racine est à son extrémité protégée par une *coiffe*, à laquelle font suite, de bas en haut, les *poils absorbants* ; elle *ne porte jamais* de feuilles, son accroissement a lieu à l'extrémité au-dessus de la coiffe, il est donc *subterminal*.

Au point de vue de la structure, la racine se compose, *de dehors en dedans*, de l'assise pilifère, de l'écorce, du liber et du bois en couches alternées, et enfin de la moelle.

9. — *A quoi sert la racine ?*

1° A fixer la plante dans le sol ; 2° à prendre, au moyen des poils absorbants, les liquides qui sont contenus dans la terre où la plante est fixée.

10. — *Quelles sont les différentes formes de la racine?*

Il y a toujours dans chaque plante une racine principale qui s'appelle *pivot* et des *radicelles*; l'ensemble du pivot et des radicelles forme ce qu'on appelle *vulgairement* la racine. Si le pivot et les radicelles ont un développement égal, on a une racine *pivotante ordinaire (chêne)*; si le pivot est très grand et les radicelles très petites, on a une racine *pivotante exagérée (carotte)*, si le pivot est très court et les radicelles nombreuses et longues, on a une racine *fasciculée (blé)*, etc. D'autres contiennent des réserves de nourriture, on les appelle *tuberculeuses (dahlia)*.

11. — *Qu'appelle-t-on racines adventives?*

Des racines qui se développent sur la tige et viennent en aide à la racine principale. On se sert de cette propriété pour multiplier certaines plantes par les procédés du *bouturage* et du *marcottage*.

12. — *Qu'est-ce que la tige?*

La partie de la plante opposée à la racine et qui tend *ordinairement* à s'élever vers le ciel. Nous disons ordinairement car il y a des tiges souterraines auxquelles on donne le nom de rhizomes *(iris)*.

13. — *Quelles sont les différentes for-mes des tiges ?*

Bulbeuses (lis, oignon) ; tuberculeuses (pomme de terre) ; volubiles (liseron) ; rampantes (fraisier) ; droites et élancées (arbustes et arbres), etc.

14. — *Quelle est la structure de la tige ?*

Cette structure est variable, suivant qu'il s'agit de plantes herbacées ou li-gneuses, de plantes acotylédones (cryp-togames), monocotylédones (palmier, gra-minées) ou dicotylédones (la plupart des arbrisseaux et arbres de nos contrées). Dans les tiges arborescentes on distingue ordinairement l'écorce et le bois. L'é-corce se compose, en allant de dedans au dehors : 1° de faisceaux fibro-vascu-laires ; 2° de l'enveloppe cellulaire ; 3° de l'enveloppe subéreuse ; 4° de l'épiderme. Dans le bois on distingue : 1° la moelle au centre ; 2° l'étui médullaire ; 3° les fais-ceaux fibro-vasculaires ; 4° les rayons médullaires qui les séparent. Notons que l'épiderme des plantes présente de dis-tance en distance de petites solutions de continuité, en forme de boutonnières, ce sont les *trachées* ou bouches par où res-pire la plante.

15. — *Comment se fait l'accroissement des tiges ?*

Par un bourgeon placé soit au sommet, soit aux nœuds de la tige; il est non seulement *terminal*, mais aussi *intercalaire*.

16. — *Quelles sont les différences entre la tige et la racine ?*

1° La tige n'est pas terminée par une coiffe, mais par un bourgeon ; 2° la tige porte des feuilles, la racine n'en porte jamais ; 3° la tige est ascendante, la racine descendante ; la tige à un accroissement terminal et intercalaire, la racine un accroissement purement terminal ; les rameaux de la tige sont disposés en forme d'hélice, les radicelles en séries linéaires ; l'écorce de la tige est mince relativement au cylindre central ; dans la racine c'est le contraire ; dans la tige, les gros vaisseaux du bois sont à l'extérieur, dans la racine ils sont à l'intérieur,

17. — *Quelles sont les fonctions de la tige ?*

Elle porte les rameaux et les feuilles, y conduit par ses vaissaux la sève ascendante et en ramène la sève descendante.

18. — *Qu'est-ce que les feuilles ?*

Ce sont des expansions latérales de la tige, de couleur verte et de forme aplatie. C'est l'organe le plus important du végétal, c'est par elles surtout qu'il respire. Elles se développent dans l'air ou sur l'eau et elles sont *aériennes* ou *flottantes*.

19. — *Quelle est la structure de la feuille ?*

Elle se compose de trois parties : *la gaîne*, le *pétiole* et le *limbe*; la gaîne peut manquer, le pétiole aussi, alors on dit que la feuille est *sessile*.

20. — *Qu'est-ce que la gaîne ?*

La partie inférieure du pétiole, c'est un organe de protection : les feuilles qui en possèdent sont dites engaînantes ; quand la gaîne n'est pas d'une seule pièce, elle forme les *stipules*.

21. — *Qu'est-ce que le pétiole ?*

La partie amincie qui supporte le limbe ; il est souvent creusé d'une gouttière qui en fait apparaître extérieurement la symétrie *bilatérale* qui est dans tous les cas démontrée par la structure interne. En outre de sa fonction de support, le pétiole contient les vaisseaux qui portent au limbe son alimentation.

22. — *Qu'est-ce que le limbe ?*

La partie élargie de la feuille. Elle se compose des *nervures*, ramifications du pétiole et du *parenchyme*. Les nervures sont parallèles chez la plupart des monocotylédones, chez les dicotylédones elles sont en barbes de plumes *(penni-*

nerves), ou partant toutes d'un même point *(digitées)*, etc. Suivant la forme extérieure des bords de la feuille, elle est dite *entière, dentée, partite, composée.*

23. — *Quelle est la structure du parenchyme ?*

1° *L'épiderme*, inférieur et supérieur; les stomates se trouvent surtout sur l'épiderme inférieur dans les feuilles aériennes, seulement sur l'épiderme supérieur dans les feuilles flottantes ; 2° du *parenchyme* proprement dit, composé de deux couches de cellules : la supérieure de cellules allongées et très rapprochées (tissu en palissade); l'inférieure de cellules laissant entre elles de nombreux interstices (tissu lacuneux). Le parenchyme est riche en *chlorophylle*, substance spéciale aux plantes, qui donne aux feuilles et à quelques autres parties jeunes de la plante leur *couleur verte* et qui joue un rôle très important dans la nutrition des végétaux.

24. — *Quelle est l'origine de la feuille?*

Un bourgeon ; on distingue les bourgeons à feuilles qui sont minces et aigus des bourgeons à fleurs qui sont obtus et ovoïdes.

25. — *Quelle est la fonction des feuilles ?*

Elles servent : 1° à la *transpiration*

elles exhalent l'excès de vapeur d'eau contenue dans la sève ; 2° à la *respiration* : elles absorbent de l'oxygène et dégagent de l'acide carbonique ; 3° à l'*assimilation* : elles fixent le carbone contenu dans l'acide carbonique ambiant. Ces divers phénomènes en apparence incompatibles s'expliquent par la fonction chlorophyllienne, dont il sera bientôt question.

26. — *Comment, en général, se nourrit une plante ?*

Les plantes, comme les animaux, *absorbent, digèrent, respirent, transpirent, assimilent* et *sécrètent*. L'absorption se fait par les poils radicaux ; le liquide absorbé *(sève ascendante)* est transporté par les vaisseaux de la tige et de son expansion dans toutes les parties du végétal ; la respiration se fait par tous les organes, même par la racine, c'est pour cela qu'il faut ameublir la terre autour des racines afin de permettre à l'air d'y pénétrer, sans quoi la plante périrait ; la transpiration se fait par les parties jeunes et surtout par les feuilles qui exhalent l'excès d'eau de la sève ascendante, y fixent le carbone. La sève ainsi épaissie et élaborée suit une course inverse et fournit aux divers tissus les principes nécessaires à leur nutrition.

Les produits inutiles ou provenant des échanges intimes dans les tissus sont éliminés soit spontanément (gomme arabique etc.), ou sont extraits par l'homme de la sève descendante (caoutchouc) ou enfin se fixent dans une partie de la plante (quinquina).

27. — *Quelle différence y a-t-il au point de vue de la nutrition entre les plantes à chlorophylle et les plantes sans chlorophylle ?*

Les premières, grâce à la fonction chloryphyllienne, fixent une partie du carbone contenu dans l'acide carbonique ambiant; les secondes sont obligés d'emprunter à la terre ou à d'autres plantes sur lesquelles elles vivent en parasites, tous les matériaux nécessaires à leur nutrition.

28. — *En quoi consiste la fonction chlorophyllienne ?*

La chlorophylle contenue dans les parties vertes des plantes jouit de la propriété de décomposer, sous l'influence de la lumière solaire, l'acide carbonique de l'atmosphère en ses éléments, de fixer le carbone et par conséquent de dégager l'oxygène. De là l'erreur longtemps accréditée que les plantes dégagent le jour de l'oxygène et la nuit de l'acide carbonique. Ce qui est vrai, c'est que jour et nuit la plante respire comme les animaux ; elle absorbe de l'oxygène et dégage de l'acide carbonique. Mais, sous l'influence de la lumière solaire directe, la chlorophylle décompose l'acide carbonique ambiant ; elle fixe le carbone et met en liberté l'oxygène. Cette fonction, quand les parties vertes sont considérables, est beaucoup plus active que celle de la respiration; il est donc tout naturel que là où se rencontrent en grande quantité des plantes vertes (forêts, prairies) on constate, pendant le jour, un excès d'oxygène.

REPRODUCTION

(Étude spéciale d'une plante phanérogame.)

29. — *Quel est l'organe de la reproduction ?*

C'est la fleur.

30. — *Qu'est-ce qu'une fleur ?*

Un ensemble de feuilles de plus en plus modifiées, disposées en verticilles alternants. Une fleur complète se compose de quatre verticilles qui sont de bas en haut ou de dehors en dedans le *calice*, la *corolle*, l'*androcée*, le *gynécée*.

31. — *Qu'est-ce que le calice ?*

La première des enveloppes florales, de couleur ordinairement verte, c'est celle qui se rapproche le plus de la feuille ; elle est composée de *sépales* qui peuvent être distincts ou soudés ensemble. dans ce dernier cas la fleur est dite *gamosépale.*

32. — *Qu'est-ce que la corolle ?*

C'est la partie généralement colorée de la fleur, la seconde enveloppe florale ; les feuilles modifiées qui la composent portent le nom de *pétales.* Les deux premières enveloppes sont seulement des organes de protection, leur ensemble s'appelle le *périanthe.*

33. — *Qu'est-ce que l'androcée ?*

C'est l'organe mâle de la fleur ; il est formé par les étamines.

34. — *Décrivez une étamine.*

Elle se compose d'un filet grêle supportant l'*anthère.* L'anthère se compose du connectif et des sacs polliniques. Chaque sac pollinique renferme quatre petites cellules qui sont le *pollen.* Le pollen est l'agent de la fécondation.

35. — *Qu'est-ce que le gynécée ?*

Un organe de feuilles modifiées qui s'appellent *carpelles.* Un carpelle est composé d'un filet appelé *style,* aplati à son sommet *(stigmate),* d'une base renflée *(ovaire).* Les carpelles se soudent par leurs bords et l'ensemble forme l'*ovaire;*

aux points de soudure qui sont un peu épaissis s'attachent les *ovules*. L'ensemble s'appelle aussi *pistil*.

36. — *Comment s'opère la fécondation ?*

Le pollen est amené au contact du stigmate par le vent, ou les insectes, ou les mouvements propres aux étamines ; il est maintenu en contact par ses aspérités et par un liquide gluant que sécrète le stigmate. Le pollen germe, s'allonge en un *tube pollinique* qui pénètre par le style jusqu'à l'ovaire, là il s'étale sur le sac embryonnaire qui renferme les ovules et les féconde. L'ovule fécondé se transforme en graine et en même temps l'ovaire devient le fruit.

37. — *Quelles sont les différentes parties d'un fruit ?*

On distingue dans le fruit : l'*épicarpe* qui forme la peau, la pelure du fruit ; le *mésocarpe*, qui en est la pulpe ou la chair ; et l'*endocarpe*, qui constitue proprement l'enveloppe de la graine, du pépin, du noyau, etc.

38. — *Qu'est-ce que la graine ?*

C'est le développement de l'ovule, elle est chargée de reproduire la plante. On distingue dans la graine l'*embryon* et l'*albumen*.

39. — *Qu'est-ce que l'albumen ?*

Ce n'est autre chose qu'un magasin de

matières nutritives destinées à subvenir aux besoins de l'embryon. Il renferme tantôt de la fécule, tantôt des matières oléagineuses.

40. — *Qu'est-ce que l'embryon ?*

C'est la plante future. Il se compose de la radicule, origine de la racine ; de la gemmule, principe de la tigelle ou tige, et des cotylédons ou premières feuilles de l'embryon, destinées à le nourrir quand l'albumen manque.

41. — *Quelles sont les conditions de la germination ?*

Pour qu'une graine puisse germer, elle doit être soumise à l'action de certaines influences, dont les principales sont l'humidité, la chaleur et l'air. L'humidité ramollit les téguments de la graine ; la chaleur tend à la faire fermenter ; l'air agit par son oxygène.

42. — *Quels sont les changements chimiques de la graine pendant la germination ?*

La fécule de l'albumen ou des cotylédons se transforme en *dextrine*, puis en *glucose*, au moyen de la *diastase* contenue dans la graine et sous l'influence de la chaleur et de l'humidité. La diastase est l'analogue de la *ptyaline* de la salive. On a utilisé cette propriété dans l'industrie et on emploie le sucre (glucose), produit aux dépens de la fécule des graines, pour la fabrication de certaines liqueurs alcooliques et en particulier de la bière.

13. — *Comment se fait la reproduction chez les cryptogames.*

Ces végétaux présentent le phénomène de la génération alternante, c'est-à-dire qu'un végétal (1) donne naissance à un être (2) qui ne lui ressemble pas et que celui ci (2) reproduit un autre végétal (3) qui ne ressemble pas à (2) mais qui est semblable à (1).

On divise les cryptogames en trois classes : les thallophytes (champignons), les muscinées (mousses) et les cryptogames vasculaires (fougères, prêles).

44. — *Qu'entend-on par parasitisme ?*

Un grand nombre de végétaux vivent sur des animaux ou sur d'autres plantes à qui ils empruntent leur nourriture, on les appelle parasites.

45. — *Citez des plantes phanérogames parasites ?*

Elles sont peu nombreuses, on peut citer le *gui* du chêne et la *cuscute* de la luzerne.

46. — *Citez des cas de cryptogames parasites ?*

Les champignons (carie du blé, charbon des céréales, oïdium de la vigne, mildew, ergot de seigle), les bactéries, les microbes, les lichens, et certaines algues.

GÉOLOGIE

1. — *Quelle est la forme de la terre?*

Abstraction faite des accidents de sa surface, la terre a la forme d'une sphère légèrement aplatie aux deux pôles.

2. — *Quelle est la forme extérieure de la surface terrestre?*

Cette surface est très accidentée. Elle présente des élévations, dont les plus considérables portent le nom de montagnes, et des dépressions, dont les unes, appelées vallées, servent de lit aux rivières, d'autres, dont le fonds est occupé par les eaux de la mer, qui recouvrent environ les trois quarts de la surface terrestre.

3. — *Quelles sont les causes ds ces modifications?*

Elles sont anciennes ou actuelles. Les causes anciennes sont les dislocations qu'à subies l'écorce terrestre au moment de sa formation. Elle s'est crevée en certains endroits pour donner issue à des matières en ignition, de là les chaînes do de montagnes, et par suite les vallées.

Les causes actuelles sont extérieures ou intérieures. Les causes extérieures sont les agents atmosphériques en repos ou en mouvement ; l'eau, sous ses trois états, au repos et en mouvement. Les causes intérieures sont les tremblements de terre, les soulèvements et affaissements et les phénomènes volcaniques.

4. — *Qu'est-ce que l'atmosphère?*

Un mélange gazeux (21 oxygène et 79 azote) dont la terre est complétement entourée. Son épaisseur est d'au moins quatre-vingts kilomètres.

5. — *Quelle est l'action de l'air humide?*

Il désagrège la surface des roches les plus dures. Il pénètre dans celles qui sont poreuses, s'introduit dans les fissures et, la vapeur qu'il contient, à la première gelée se coagule, et, en augmentant de volume, les brise ou les fend. C'est ainsi que l'humidité a transformé presque partout les roches de la surface en une terre meuble propre à la végétation.

6. — *Quelle est l'action de l'air en mouvement?*

L'air en mouvement enlève aux roches les parcelles les moins adhérentes. Sur les côtes basses, il transporte les sables à l'intérieur des terres et en fait ce qu'on appelle des dunes.

7. — *Quelle est l'action de l'eau en repos?*

L'eau, ayant la propriété de dissoudre un grand nombre de substances solides, agit sur presque toutes les roches qui constituent l'écorce terrestre. Elle désagrège le granit en agissant sur un élément le plus important, le *feldspath*. L'eau chargée d'acide carbonique dissout le carbonate de chaux ; elle agit donc sur les calcaires avec lesquels elle est en contact. Si, en présence de l'air, elle vient à perdre son acide carbonique, les carbonates en dissolution se déposent sous forme de concrétions calcaires sur les objets qui s'y trouvent plongés.

8. — *Quelle est l'action des eaux en mouvement ?*

Les eaux en mouvement sont encore plus énergiques. Partout où les vagues de la mer viennent battre les rivages élevés, elles en coupent peu à peu la base, et bientôt la partie supérieure n'étant plus contenue s'écroule et est réduite par les flots à l'état de sable ou de galets. Dans les montagnes, les eaux provenant des pluies ou d'orages s'écoulent rapidement, arrachant et entraînant parfois des blocs considérables, qui usent ou brisent sur leur passage toutes les aspérités. Les débris ainsi arrachés sont entraînés pêle-mêle dans le lit des torrents, jusqu'à ce que, la pente diminuant, les blocs les plus lourds s'arrêtent. Mais les matières fines et légères sont entraînées beaucoup plus loin ; elles se déposent partiellement sur le parcours des fleuves, et finalement vont s'accumuler à l'embouchure où elles forment de vastes dépôts d'alluvions appelés *deltas*. Quand les eaux en mouvement viennent à s'arrêter, les matières en suspension se déposent ; c'est ce qu'on appelle terrain de *sédiment*.

9. — *Quelle est l'action de la glace ?*

Les glaces des fleuves charrient à la mer les débris de toute espèce entraînés sur leur passage. Les glaces des montagnes transportent des roches qu'elles abandonnent sous l'influence de la chaleur. Ces roches accumulées à la base des montagnes s'appellent *moraines*.

10. — *Qu'est-ce qu'un tremblement de terre ?*

C'est un mouvement oscillatoire du sol, accompagné d'un bruit souterrain. Les habitations et les édifices sont ébranlés, des crevasses profondes se produisent et, lorsqu'elles se referment, les deux bords ne se retrouvent plus au même niveau.

11. — *Qu'appelle-t-on soulèvements ou affaissements ?*

Ce sont des mouvements du sol qui ont pour résultat des changements de niveau à la surface du globe. Ainsi, on a vu souvent, pendant un tremblement de terre, des collines, des montagnes mêmes surgir au milieu des plaines ; des îles du fond des mers, et d'autres parties du sol s'abaisser et même disparaître complètement. Ces mouvements sont tantôt brusques, tantôt ils s'opèrent lentement.

12. — *Qu'appelle-t-on phénomènes volcaniques ?*

On donne ce nom à des dégagements de matières gazeuses ou de vapeur d'eau qui se font par les crevasses formées au moment d'un tremblement de terre. Lorsque ce dégagement atteint une grande intensité, il est accompagné de matières solides qui sont rejetées au dehors et quelquefois même de matières fondues et incandescentes qui s'écoulent à la surface du sol.

13. — *Qu'appelle-t-on volcans ?*

Des ouvertures de l'écorce du globle qui mettent en communication les profondeurs du sol, encore en ignition, avec la surface. Elles affectent généralement la forme de montagnes. L'ouverture du volcan a la forme d'un cône tronqué dit cône d'éruption et cratère. Tantôt le volcan dégage constamment des vapeurs et des matières gazeuses, tantôt il présente des périodes de repos. L'éruption s'annonce par des bruits souterrains, des tremblements de terre ; puis le dégage-

ment gazeux augmente et est accompagné de *laves* ou matières fondues, quel-
quelquefois de boues qui s'écoulent le
long des flancs du cône d'éruption.

14. — *Comment est on conduit à l'hypo
thèse du feu central ?*

Par l'induction. La température qui
varie à la surface du sol, s'élève d'un
degré par chaque trente-trois mètres de
profondeur. Si cette progression continue, à la profondeur de cent vingt
kilomètres, relativement très faible par
rapport au rayon terrestre, la tempéra-
doit être de plus de 4,000 degrés, suffi-
sante pour fondre tous les corps connus.

14. — *L'hypothèse du feu central ne se
lie-t-elle pas avec l'origine de la terre ?*

Oui, on suppose que la terre, à l'origine,
était une masse entièrement fondue,
enveloppée de gaz et de vapeurs. Cette
matière s'étant refroidie par rayonne-
ment, il s'est formé à la surface une
croûte solide dont l'épaisseur est allée en
augmentant pendant que la vapeur d'eau
répandue dans l'atmosphère se conden-
sait à la surface. S'il en est ainsi, il doit
s'opérer dans l'intérieur de la terre des
réactions chimiques donnant naissance à
des gaz qui exercent des pressions considérables sur l'écorce terrestre. Telle est
la cause des tremblements de terre et

des volcans, véritables soupapes de sûreté du globe terrestre.

15. — *Quelle est la disposition des roches de l'écorce terrestre ?*

Les parties inférieures de l'écorce ou sol primitif, formées par la solidification de la surface présentent des caractères métallins : c'est le *granit*. Le sol a été ensuite recouvert par les eaux qui y ont laissé en se retirant deux sortes de terrains, les uns constitués par des matériaux empruntés au sol primitif, les autres formés par le dépôt de matières dissoutes ou par les débris d'êtres organisés ayant vécu dans ces deux eaux.

16. *Qu'appelle-t-on roches ignées ?*

Celles qui s'étant formées par la solidification de matières en fusion ne présentent aucune trace de stratification. Elles se divisent en trois classes : *granitoïdes, porphyroïdes* et *vitreuses*.

17. — *Qu'appelle-t-on roches sédimentaires ?*

Celles qui s'étant formées au fond des eaux sont stratifiées, c'est-à-dire se présentent en couches parallèles, horizontales ou inclinées. On les appelle encore terrains de stratification. Elles se divisent en deux groupes : le premier contient les roches formées au moyen des débris provenant des roches existantes (sables, grès, argiles); le second comprend celles qui résultent du depôt de substances dissoutes ou de débris d'êtres organisés (calcaires, gypses, etc.)

18. *Qu'appelle-t-on roches métamorphiques ?*

Les roches sédimentaires auxquelles le voisinage de roches ignées, à une haute température, a fait subir des modifications de structure et de composition.

19. — *Qu'appelle t on filons ?*

Les dépôts qui se sont produits dans les crevasses ou fractures résultant des mouvements divers de l'écorce terrestre. C'est parmi ces dépôts que l'on trouve la plus grande partie des minerais métalliques.

20. — *Quel est l'ordre de succession des terrains de sédiments ?*

Les terrains de sédiments sont superposés par rang d'ancienneté. D'après leur aspect, d'après les fossiles qu'ils peuvent contenir, on les a divisés en quatre groupes : les terrains anciens ou primaires, les terrains secondaires, les terrains tertiaires et les terrains quaternaires.

21. *Qu'es-ce que les terrains primaires ?*

Ceux qui reposent directement sur les

terrains primitifs. Ils sont formés principalement par des roches de transport qui ont donné naissance à des terrains très-cohérents, à coloration tranchée (grés rouges) présentant assez souvent la texture schisteuse. Les calcaires de cette époque sont très compactes (calcaires carbonifères), les fossiles nuls ou très-rares (crustacés ou mollusques), les débris de végétaux très-abondants (fougères) qui forment les vastes dépôts d'anthracites et de houille exploités de nos jours Les principaux sont, par ordre d'ancienneté : 1° le terrain *silurien*, 2° le terrain *dévonien*, 3ᵉ le terrain *houiller*.

22. — *Qu'appelle t-on terrains secondaires ?*

Ceux qui sont superposés aux terrains primitifs. Les dépôts de calcaire y ont plus d'importance (calcaire, marnes irisées, grés verts, craies de différentes couleurs). Les fossiles y sont abondants. Ce sont des reptiles et des sauriens, des mollusques d'une grande dimension. Les végétaux y sont représentés par des conifères, des fougères et des palmiers. On divise ces terrains en trois groupes : 1° le *trias*, 2° le *jurassique*, 3° le *crétacé*.

23. — *Quels sont les caractères des terrains tertiaires ?*

Les terrains sont beaucoup moins développés que les terrains secondaires auxquels ils sont superposés. Ils paraissent s'être formés dans des bassins beaucoup moins étendus (lacs, mers intérieures). Ils comprennent trois étages : Dans le premier (Parisien), on trouve l'argile plastique, des sables inférieurs, des calcaires grossiers ou pierre à bâtir et le gypse ou plâtre. On y a découvert d'importants mammifères, tels que le palœontherium, etc. ; le second contient le sable et les grès de Fontainebleau ; les mammifères y sont nombreux (*dynotherium, mastodonte*, etc.) ; le troisième comprend des marnes et des sables, on y rencontre des éléphants, des mastodontes, des ours, des singes, des antilopes, etc. On a donné à ces terrains les noms de tertiaire inférieur ou *éocène*, tertiaire moyen ou *miocène* et tertiaire supérieur ou *pliocène*.

24. — *Qu'appelle t-on terrains quaternaires ?*

Les terrains de transport composés de couches d'alluvion généralement assez meubles qui recouvrent en beaucoup d'endroits les terrains sédimentaires. Ils sont accompagnés d'une grande quantité de roches ou *blocs erratiques* qui, dans le nord de notre hémisphère, forment des traînées considérables. On admet qu'ils ont été transportés par d'énormes bancs de glace descendus des glaciers dans la mer où ils ont été entraînés par des courants analogues à ceux qui, de nos jours, transportent chaque année aux environs de Terre Neuve des banquises arrachées aux rivages polaires pendant les débâcles du printemps. Partout les terrains en alluvion sont recouverts de terre végétale résultant des débris de végétaux avec le produit de la décomposition des roches de la surface. On les divise en quatre âges d'après les animaux qui vivaient en Europe à cette époque : l'âge de l'ours de caverne ; l'âge du mammouth ; l'âge du renne et l'âge de l'auroch. La plupart des fossiles de ces terrains appartiennent à des espèces existantes encore. C'est au commencement de l'époque quaternaire qu'on trouve les premières traces de la présence de l'homme sur la terre.

25. *Comment se sont formées les montagnes ?*

Elles sont le résultat des mouvements du sol qui, en se plissant, a formé à différentes époques une succession de vallées et de montagnes. Les vallées et les montagnes d'une même époque sont toutes parallèles. On peut déterminer l'âge de ces montagnes par la disposition des couches de sédiment sur leur flanc et à leur base.

26. — *Quelle est l'origine des sources ?*

Les couches sédimentaires qui consti
tuent l'écorce terrestre sont les unes per
méables comme les sables, les graviers,
et les autres imperméables ; les eaux
s'infiltrent à travers les couches perméa
bles jusqu'à ce qu'elles rencontrent une
couche imperméable (granit, grès, argile,
etc) ou elles s'accumulent comme dans un
réservoir. Si la couche imperméable
vient à affleurer en d'autres endroits à
un niveau inférieur à celui où s'est faite
l'infiltration, l'eau s'écoulera d'une façon
continue en donnant naissance à une
source.

27. — *Expliquez les puits artésiens ?*

Si on vient à creuser un puits jusqu'à
la couche imperméable, l'eau dont elle
est remplie s'élèvera dans le puits jus
qu'au niveau de l'origine de la couche
(en physique, principe des vases commu
niquants). Si l'orifice du puits est supé
rieure à ce niveau, on aura un puits ordi
naire ; si au contraire l'orifice du puits
se trouve à un niveau inférieur, l'eau
sortira par l'orifice en jaillissant à une
certaine hauteur, comme dans les puits
artésiens (puits de l'Artois).

**28. — *Expliquez les sources d'eaux
thermales ?***

L'eau, par le fait de l'homme ou de la

nature, étant amenée brusquement de la profondeur à la surface, sort à une température à peu près la même que celle de la couche où elle a séjourné. Si cette couche est très profonde, l'eau sera chaude et. même voisine de l'ébullition.

29. — *Expliquez les sources d'eaux minérales ?*

L'eau, avant de s'écouler à la surface du sol, passe souvent sur des couches contenant des substances minérales. Elle en dissout ordinairement d'assez fortes pa lies, ce qui la rend d'un emploi très salutaire en médecine. On divise les eaux minérales en eaux gazeuses, eaux ferrugineuses, eaux sulfureuses, eaux salines, suivant qu'elles doivent leurs caractères à l'acide carbonique, à des sels de fer, à des sulfures alcalins, ou à des sels tels que le sulfate de magnésie, de soude, etc.

FIN

Documents manquants (pages, cahiers...)
NF Z 43-120-13